漂亮家居編輯部 著

地表最強

省錢

裝潢

中古、老屋全攻略 終極版

【暢銷更新】

CONTENTS

Chapter 02
老屋裝潢整修
Step by step

CONTENTS

Chapter 03
決定選擇設計師、選擇廠商，還是自己發包呢？

想要省錢，
你一定要知道的
老屋裝潢關鍵 Q&A

相較於新成屋，老屋多半有棟距過近、隨意加蓋的問題，因此即便有開窗，也無助於光線和通風，甚至若是長形的格局，採光和空氣對流會更差！此外，位於熱鬧的都市區老屋，房子多是鄰近街道而蓋，加上毫無節制的蓋房，因此缺少適當的棟距，造成此類老屋多有噪音與空氣不流通問題，由於地理環境無法改變，此時只能藉由現代設備，改善環境缺點，提高居住舒適性。不過，想要省錢，又擔心碰到惡意提高價碼的設計師或者偷工減料的工頭，該怎麼辦？本書提供20個一定要知道的老屋裝潢關鍵Q&A，讓讀者在裝潢老屋前可以有所依靠不擔憂。

001

找設計師整修老屋
一坪至少要 NT.7、8 萬元？

A 先了解行情，詳細仍需諮詢設計師。

　　一般新成屋的設計裝潢行情，大約落在一坪 NT.4 ～ 5 萬元，但 20 年以上的老屋，基礎工程是不能避免的，因此裝潢設計的費用落在一坪 NT.7、8 萬元是合理的，如果對裝飾、家電有要求，實際費用可能會更高，在找設計師之前可依照行情價和居家權狀坪數，粗略先抓裝潢預算。但每一個屋況不同、每個人的需求也不相同，因此費用也會有所差別，詳細的費用還是需要諮詢設計師。

　　找設計師並不等於一定要花大錢，如果有明確的預算限制，在諮詢時可以主動告知設計師，能提高彼此的溝通效率。評估出必須要做的工程有哪些之後，調整其他裝潢設計的比重和需求，小資族依然能打造一個安全舒適的理想窩。

圖片提供 _ 藍調設計

在找設計師之前可依照行情價和居家權狀坪數，粗略先抓裝潢預算。

002

整修老屋預算只有 NT.150 萬元也沒問題嗎？

圖片提供＿覲禾設計

先尋找信任的設計師估價，用刪去法從最不必要的裝潢刪除，聰明節省預算。

A 精打細算，用刪去法刪除非必要的裝修。

老屋使用年數越長，可能需要翻修更新的部分就越多，要處理的問題越複雜，所需的預算就越高，但以 NT.150 萬元裝修老屋並非不可能。將裝修工程花費分為三個部分：基礎工程費用、裝潢工程費用、軟裝費用，可先尋找信任的設計師估價，用刪去法，從最不必要的裝潢刪除，次要但不影響居住安全的裝潢，可視預算調整，或找尋較便宜的替代方案，每一分錢都花出它應有的價值。

003

如何分配 NT.150 萬元的老屋整修預算？

A 基礎工程：裝潢軟裝占比 =2：1。

　　藍調設計主持設計師歐力維認為，以 NT.150 萬元的預算而言，應該至少將 NT.100 萬元花費在基礎工程上，再來才是裝潢工程，最後是軟裝費用。先把老屋的體質強化，不僅延長老屋的居住年限，後續居住的家人們也安心，將影響生活的部分，例如拆除、改格局、換水電管線、換門窗、安裝空調、收納櫃體、廚房與廁所的防水與更換等做完，也許還跟你在網路上搜尋的理想裝潢有段差距，但只要基礎工程整理好，居家環境絕對有及格以上的分數了。

圖片提供＿藍調設計

先把老屋的體質強化，不僅延長老屋的居住年限，也能讓後續居住的家人們安心。

老屋整修的費用會因為哪些原因而變動？

攝影_王士豪

原木地板換成海島型防潮地板或超耐磨地板，不但可降低預算，還更符合台灣氣候。

A 別只看裝修總價格，要看材料與施工細節。

　　拿到估價單之後，別只看總金額，貴不一定就是好，便宜一定有其原因，要仔細比較當中的做工與材料。無論最後決定要請設計師，還是要自己發包，多找資料、多做功課，可以多比較幾位設計師、工班，或多向裝潢材料行詢價，「貨比三家不吃虧」之外，也能更清楚你的那些選擇會影響裝修價格。如果你喜歡鄉村、古典多裝飾性設計元素的風格，例如天花線板、壁紙、木作，這些工程費用都比較高；相較之下，線條簡單的現代風，更能以平實的價格修飾出俐落的空間性格。

　　天然大理石、實木等材料屬於高價材料，可以考慮以類似花紋的人造石，或木料面板替代，進口壁紙直接使用漆面塗料，原木地板換成海島型防潮地板，不僅更適合台灣氣候，價格也親民。

老屋整修哪部分的費用可以降低？

Ａ 裝潢工程化繁為簡，軟裝先求有再求好。

建築材質的選擇多元，可以多比較後選擇 CP 質高的材質來降低整體成本外；裝修工程有泥作、水電、木工、油漆⋯⋯等 10 多種工種，每一種工種都有不同工法，想要省錢，也儘量選擇基礎、不複雜的工法施作，例如磁磚拼貼，橫貼或直貼雖然比較單調，但比起交丁、人字貼等交錯特殊的貼法，工法單純，也比較不會有多餘的邊角材料，在材料上又可以節省一些。

在軟裝選擇上，可以選擇現成的移動傢具取代訂製傢具，並且先購買生活中絕對會用到的必需品，例如床、衣櫃、桌子、椅子，其他的傢具未來如果有需要可以再慢慢添購。更換可移動的現成傢具也比較容易，可以隨著之後的心情做不同傢具搭配。

圖片提供＿王士豪

在軟裝佈置上，可以選擇現成的移動傢具取代訂製傢具。

老屋整修哪部分的費用千萬不能省？

A 基礎工程千萬不能省。

　　老屋翻修千省萬省，該做的基礎工程絕對不能省。藍調設計主持設計師歐力維建議，老屋翻修的重點有：補強房屋結構、管線翻新、解決漏水問題和防水措施一定要處理好。

　　房屋使用久了，因為時間、天氣、地震等因素影響，混凝土碳化，重要支撐房屋的牆面、樑柱可能會產生裂縫，無法保護內部鋼筋導致鏽蝕、結構變形。補強的方法有很多種，一定要請專業結構技師來評估，整體花費並不便宜，但做好此項基礎工程，居住安全才有保障。

　　漏水也是造成建材使用年限縮短的原因之一，混凝土長期浸泡在水中就會出現裂縫，水從裂縫滲入接觸到鋼筋，即使鋼筋表層有塗防鏽劑，時間久了也會生鏽，環環相扣最嚴重可能導致整個樓板崩塌，因此一定要謹慎解決漏水問題。

圖片提供＿誼設計

將舊裝潢拆開後能更清楚看見房屋本身的問題，把基礎工程做好，老屋就能變成好屋。

為什麼老屋水電管路一定要更換？

A 汰換舊管線，居住更安心。

　　早期房子配電箱迴路少，配電箱的總安培數可能偏低，以前可能 50 安培就已經足夠，現代家庭使用的電器種類多了，用電需求也不同以往，現在房屋配置大概都是 75 安培以上；以前選用的電線比較細，安全容量比較小，就算電線本身狀況尚完好，強烈建議超過 15 年的電線都要全面換新以策安全。

　　管線本來就屬於消耗品，長期使用自然會老化，通常屋齡超過 20 年以上的老屋，會陸續產生供水管或排汙管漏水的問題，經年累月，自來水管如果久未清洗，也可能會流出汙濁、甚至帶有黃綠色雜質的水；排水管可能因為油汙累積影響水流量，或異物堵塞造成汙水回堵的窘境。如果購買超過 30 年前蓋的老屋，在屋內的供水管可能是鑄鐵或鍍鋅鋼管材質，管線氧化會造成水中有水鏽雜質，長期飲用對身體恐怕也有不好的影響，全面換新能確保更好的生活品質。

圖片提供＿懷特設計

屋齡超過 20 年以上的老屋，全面換新管線能確保更好的生活品質。

為什麼老屋門窗一定要更換？

如果門窗狀況良好，款式也符合自己的取向，可選擇保留。

圖片提供_藍調設計

A 可以先評估再決定是否要更換門窗。

翻修之前可以先檢查窗框及四周是否有滲水的痕跡？門窗材質是否堅固？門框、窗框有無變形、生鏽、無法閉合等問題，如果狀況良好，款式也符合自己的取向，就可選擇保留，只要在窗框上重新刷油漆就會煥然一新。

如果窗戶窗框變形、防水不佳、隔音效果不好影響生活，可考慮更新為氣密窗，加強防水、隔音功能，當然依照隔音程度，或是否有遮陽、隔熱的功能，可能會有不同的價差，可自行評估。工程方面若要選擇比較省錢的方式，請採用乾式工法，保留窗框，再外包上新的鋁料，施工天數也只需要一天就好；濕式工法需要泥作灌漿、油漆修補，價格較高。

為什麼老屋天地壁必須要調整？

A 打造舒適空間，油漆粉刷最經濟。

　　老屋的天地壁狀況，可能會有壁癌、牆面傾斜、地面不平整的問題，要全部重新整理過一遍還是局部調整？該如何選擇見仁見智，不過天地壁的完成對居家空間氛圍的營造有很大的影響，值得好好規劃。

　　天花板裝修主要有兩大目的，一是遮住管線或樑柱，二是提供裝飾效果，想節省預算建議不額外做天花板，可以透過粉刷改變管線顏色，只裝主燈不做間接照明，簡化線條維持視覺上的舒適度。

　　牆面如果有舊木作、壁紙，建議全部拆除換新，並一併處理壁癌問題。地板磁磚也可能因為日久受潮而膨脹、翹起，這種狀況也建議全部敲開重做防水、重鋪地磚，地磚的選擇多樣、價位等級落差也很大，公領域或房間可以只考慮平價和美觀，但在廚房和衛浴就要再多考慮防水和安全性。

利用天花遮住原本的線條，兩邊壁面漆成單色，減少多餘的線條，拉長視覺感。

圖片提供＿醒碃設計

010

為什麼老屋
防水工程
一定要做？

外牆磁磚雖不吸水，但久了水還是會從磁磚的縫隙逐漸侵蝕防水層，影響到內部空間。

圖片提供 _ 藍鵲設計

A 延長建材使用壽命，維持生活品質。

　　防水工程是絕對不能省下的基礎工程之一，尤其台灣經常下雨、環境潮濕，老屋居住久了，會有漏水問題，一般人以為只有看得到水流出來才叫漏水，其實某處牆面經常發霉或長壁癌，也有可能是因為水管破裂，或外牆防水層出了狀況滲水導致，除了在外觀上造成困擾，時間久了會縮短建材使用年限，室內電子、電器設備容易損壞；在高濕度環境中，細菌跟黴菌比較容易孳生，也會影響居住者的健康。因此，趁著重新裝修時做好防水層，以免事後多花 10 倍的錢去抓漏、補救。

　　哪些空間需要施作防水呢？居住空間中容易受潮地方如廚房、廁浴、陽台、地下室或一樓地坪，共用牆和外牆內側立面都需要施作防水。

011

老屋是否要拆除不必要的隔間牆？

A 有腐壞蛀蟲必須拆，磚牆注意結構。

　　隔間牆主要分為磚牆、木隔間和輕隔間，磚牆不能自己隨意拆除，要先了解隔間的作用是什麼？要是不小破壞了承重牆或剪力牆都會造成房屋結構的破壞，造成危險。

　　輕隔間材質有分輕鋼架、木作、白磚牆、陶粒板、矽酸鈣板等材質，有些材質不耐潮濕，容易發霉應該要拆除，木作隔間拆除時也可以仔細檢查房子是否有白蟻或蛀蟲入侵。傳統的紅磚牆雖堅固、隔音效果佳，但現在考慮建築載重安全問題，很多大樓多採用施工快速、輕質化的輕隔間。如果是非私密性的書房或起居空間，將隔間拆除讓光線和空氣有更多串聯，進而放大視覺舒適的感受。

拆除不必要的隔間，空間放大，視覺更舒適。

圖片提供＿藍調設計

012

為什麼老屋空調一定要更換？

如果 15 年以上都沒換過空調設備，建議直接換新的。

圖片提供＿樂砌裝修

A 淘汰效能不良的冷氣更環保。

　　機器設備的使用效率會逐年下降，如果 15 年以上都沒換過空調設備，建議直接換新的。通常老屋只有預留舊式窗型冷氣的開口，因此可以趁著翻新房屋，重新分配管線位置。現在空調主要分成壁掛式和吊隱式兩種，吊隱式冷氣會將櫃體隱藏於天花板內，因此也會增加天花板的工程預算，另外，如果天花不夠高，也不建議選用吊隱式冷氣。

　　如果已有的冷氣使用時間在 8 ～ 10 年內，若冷度佳就可以考慮繼續沿用。但使用 10 年以上，尤其是定頻機機種，內部金屬容易腐壞進而影響冷氣效能，即使在使用年限內，冷氣一直不冷可能是壓縮機的問題導致內部無法正常運轉，將產生這些問題的冷氣汰舊換新，也有助於省電。不同品牌的冷氣機價錢差異大，在購買之前可以多多比較。

為什麼老屋的廚具、櫥櫃門面一定要調整？

A 用最少預算更換門面，就能煥然一新。

家中如果有在煮菜，每天熱火烤、油煙燻、灑出來的醬汁和食物的湯汁浸染，廚房的折舊率可以說是相當高，當然如果原來的地磚和壁磚狀況還很好，建議可以保留下來，省下打掉和重貼的工錢，只要在舊有磁磚壁面貼上烤漆玻璃，將舊地板打磨拋光就可以了。

廚具長期有難清潔的油漬，如果舊有廚具是不鏽鋼材質檯面的刀痕、磨擦痕跡，容易孳生細菌，一般還是會想換新廚具，可以選擇平價耐用的人造石檯面。廚櫃如果泛黃不美觀，可以用粉刷的方式或更換門片，讓廚房展現不同的新氣象。

圖片提供_藍鯨設計

重新選擇廚具時，回想自己的使用習慣，依照現有電器來做調整，讓廚房空間更符合人性。

014

為什麼老屋廁所浴室一定要重新調整？

圖片提供_藍鵰設計

浴廁空間潮濕，水氣容易滲透，長時間下來會造成磁磚崩落。

圖片提供_藍鵰設計

地磚要選擇有紋路防滑，透過單一、規則的排列，展現單純的美感，又能省錢。

A 防水層比一般空間更容易老化，一定要重新施作。

衛浴空間經常需要用水，長期處於潮濕的狀態，這裡的防水層比一般空間更容易老化，因此衛浴的防水工程一定要重新施作，以往老屋防水的彈性水泥普遍認為壁面只需要 150 公分就足夠了，但很多人會用沖水的方式洗牆面，或習慣將蓮蓬頭掛在高處沖澡，而且熱水的水蒸氣會向上竄，建議防水還是要塗到超過天花板最有效。

浴室經常容易積水，常見的原因是洩水坡度沒做好，可以請泥作師傅重新調整。邊角也是容易積水的地方，所以地面的防水，除了用彈性水泥塗覆外，通常還會使用玻璃纖維網加強地、壁交接處。另外，地磚要注意安全防滑，盡可能選擇具吸水力、凹凸起伏較大的地磚。

015

老屋整修一定要改變格局嗎？

圖片提供_奪活輕裝修

拆除多餘隔間爭取採光，打開家門入眼的就是寬敞舒適的空間，改變格局可以實現對新生活的美好想像。

A 回頭檢視你的裝潢優先順序。

老屋的結構、防水、管線、天地壁等基礎工程，就要花掉三分之二的預算，接下來就要認真檢視對於裝潢注重的優先順序了。老屋經常出現的格局問題，像屋型狹長導致採光不足的問題，或是以前多口家庭的隔間使整體空間顯得侷促，且不符合現在家庭成員生活的需求，拆除多餘隔間爭取採光，打開家門入眼的就是寬敞舒適的空間，改變格局可以實現對新生活的美好想像。

但為了改變格局，拆除或增加隔間牆，又會需要泥作、油漆來修補，視變動的範圍大小，而決定費用的多寡。浴廁廚房的位移會伴隨管線的牽動，因此改變格局一定要請專業設計師評估，拆除和重建可能裝潢預算又再少一半了；只要能控制在預算內，建議還是將格局調整至最佳狀態。

老屋整修是否要增加收納空間？

A 收納空間並非越多越好。

在決定是否要增加收納空間之前，要先檢視自己所擁有的物品，擁有最多的是什麼？有多少衣服、鞋子？書籍和收藏品有哪些？大型家電有哪些？把這些物品需求一一列出來，和設計師討論該怎麼規劃收納空間。

如果需要收納櫃體，系統櫃比較便宜，就現在的技術來說，系統櫃表層的美耐板也可以模仿多種材質，甚至能客製化曲面和斜切，但如果特殊畸零空間、繁複造型或特殊收納需求，木作裝潢還是略勝一籌。

如果有一些未來不確定增加的物品，也可以先不訂製櫃體，而是預留購買現成收納櫃的空間，還能省下一筆訂製的費用。但收納不是越多越好，只留下必要的不堆積雜物才能體現空間的美，既然房屋翻新了，以整理搬家物品、進行斷捨離作為新生活的開始也是個好選擇。

家畢竟是讓人居住的空間，而不是物品置放的儲藏室，還是留下一些空間展示生活。

圖片提供_藍調設計

找設計師諮詢整修老屋，是否需要收費？

攝影_Amily

如果一開始在溝通過程中就覺得無法信任，建議更換設計師。

A 為了避免糾紛，第一次諮詢先談清楚。

　　一般來說，第一次和設計師接洽，主要是了解居住者的需求、風格喜好、房屋現況，再來會約時間到現場丈量，然後依照需求和預算，畫空間規劃和配置平面圖，與屋主進行充分的討論，並且會給一份報價單，這些流程設計師是不會收費的，但有部分設計師會要求支付車馬費或是丈量費。假如在簽約之前，你希望先拿走丈量過的原始平面圖，這些都有可能增加額外的費用，每家設計公司的計費標準不一，為了避免糾紛，最好在第一次諮詢時就詢問清楚。

　　如果擔心所託非人，可以多詢問設計師專業問題，觀察他是否都能一一回答，或者在討論過程中是否只在乎美感而沒有考慮到使用需求，如果一開始溝通就覺得無法信任，建議更換設計師。此外，若進行到第二次修改平面圖還是不滿意，那麼請盡早喊停。

如何避免超出預定
的老屋裝潢預算？

屋主在老屋裝修前
期就要請家人一起
參與討論或給予意
見，才不會後期突
然想調整修改，超
出預算。

A 決定好裝潢優先順序，視情況調整。

　　在決定要裝修時，可以先做點功課，知道裝潢有哪些工程、
找到自己喜歡的設計風格，將想翻修的項目一一列出來，如果預
算不足，可以先從自己認為比較不重要的部分省去，例如裝飾工
程的程度、傢具、要不要鋪地板等等。

　　樂活輕裝修設計師林彥伶特別提醒，屋主在前期就要請家人
一起討論，如果有意見一併在裝修前提出，因為裝修有固定程序，
進行到工程階段時，會從施工前保護工程、拆除工程、泥作工程、
水電工程、泥作續作（工程將水泥抹平、廚房浴室防水、貼磚）、
木作工程和廚衛工程，最後是油漆和清潔工程，如果在工班退場
之後，才突然想要修改調整，不僅拉長工期時間，所花費用也會
加倍，非常不划算。

整修老屋除了裝修費用之外，還有哪些費用？

圖片提供＿藍調設計

在裝修的過程中還會有間接費用的產生，例如清潔費、運輸費。

A 看不見的地方不代表沒有成本。

一般我們對直接費用的感受會比較明顯，直接費用例如設備、材料、人工等，材質等級選用的分別，實際呈現出來的質感也不相同，工程做得細不細緻，仔細看就能發現，空調、衛浴與廚房設備選用的價格也是透明公開、可以比價的。

除此之外，在裝修的過程中還會有間接費用的產生，例如**清潔費、運輸費**，如果住在社區大樓，大樓還會收取**裝修保證金和另外一筆清潔費**，確保因裝修搬運材料導致公設的損壞以及環境維護。有請設計師的話，還有**設計費、工程監管費**，工程監管費大約占總價的 8 ～ 10%，監工的工作主要確保所有工法都確實、材料如實使用了要求的、色彩配置都有一定的水準，過程中沒有一點偷工減料，若沒有請設計師監工，為了確保品質就需要花費自己額外的時間成本。另外，在裝修前，要確認自己是否需要申請室內裝修審查許可，以免觸法多繳罰鍰得不償失。

遇到設計師
一直追加預算
怎麼辦？

追加預算的總金額照理說也不會超過 10%。拿到報價單要特別注意材料、工程細項、尺寸、數量等細節，報價單越清楚，對彼此越有保障。

插圖 _ 黃雅方

A 報價單看詳細，保障加一層。

老屋的確有一些隱憂，要拆除原本舊有裝潢、重新拉管線時才會發現，像是敲開水泥牆之後發現鋼筋損壞、水管漏水，或是重新拉電線時發現公寓配電室的接頭處快斷，在施工的過程中，因為沒有之前的管線路徑圖而敲到化糞池等等。

雖然很多狀況無法一一詳列，但設計師越有經驗，越能將老屋翻修可能遇到問題、需要額外更換的物件標記在報價單中，即使真的遇到意料之外的狀況，設計師要在第一時間溝通，追加預算的總金額照理說也不會超過 10%。所以一開始拿到報價單要多檢查，材料、工程細項、尺寸、數量等有疑問或覺得不清楚的地方先提出來，報價單越清楚，對彼此越有保障。

報價單都詳細看清楚了，若還是遇到設計師強迫加裝建材或設備這種「惡性追加預算」的行為，只要你沒有書面簽字，都可以拒絕支付增加費用。

Chapter 02

老屋裝潢整修
Step by step

如果未來5、10年內有換房的打算，建議在裝修之前先考慮房子要如何才好脫手。然而老屋的「屋齡」和「所在區域」，就成為最主要的考量因素。屋齡越大，建物價值則會逐年下降，可能就越難在市場競爭。如果打算要住到10年以上，建議先不用考慮賣房換屋，第一步先考量大概要花多少錢投注在裝潢上，完整改善老屋體質。以下列出老屋裝潢整修Step by step，讓你按部就班整頓老屋。

Step_1 認識老屋可能要裝修的工程

Step_2 評估老屋目前最需要整修的地方

Step_3 聰明規劃預算不超支

Step_4 選擇適合自己的老屋整修計畫

Step_5 老屋各區域的裝潢重點

Step_6 聰明取捨建材與工程，有效節省預算

認識老屋
可能要裝修的工程

　　一般的裝修花費不外乎拆除、保護、泥作、水電、木工、油漆、鋁窗、大門、鐵工、冷氣、地板、廚具、衛浴、磁磚、燈具、窗簾、傢具、清潔等 18 項工程，這些工程大多屬於基礎工程，尤其是超過 20 年的老屋，這些材質多半已不堪使用，建議一定要全部更換。老屋因為年月已久，整體設備、結構逐漸老舊，許多惱人問題也就浮上檯面。像是結構受損產生裂縫，水氣就趁隙而入，形成漏水問題；管線設備有一定的使用年限，時間到了，該及時更換。只要及時解決、對症下藥，老屋壽命自然也就能延長，以下將讓讀者認識到裝潢老屋的重要工程，重要程度為基礎工程 > 設備工程 > 機能工程 > 裝飾工程。

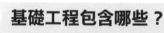

基礎工程包含哪些？

01 拆除工程

　　有破才有立，拆除是所有工程中的第一步，但在拆除之前，必須事先做好結構和管線的必要保護措施，保障施工者的安全和房屋結構的安定。若稍有不慎，發生意外或額外的成本損失，可就追悔莫及了。

1. 拆錯承重牆、剪力牆，房子容易變不穩

　　樑、柱和牆面皆用以支撐房屋結構，而加強結構的牆稱之為「承重牆」，作用在於分攤柱子、樓板承受建物本體的重量。另外，還有一種稱為「剪力牆」，主要功能在地震時可抵抗橫

圖片提供 _ 樂活輕裝修

在拆除之前，必須事先做好結構和管線的必要保護措施，保障施工者的安全和房屋結構的安定。

向拉扯的破壞。因此打掉承重牆會造成建物的結構倒塌，打掉剪力牆則會造成建物的抗震力減弱，在地震發生時房子會比較容易倒塌。因此，建築中規範不可隨意拆除剪力牆和承重牆。

在拆除前，可調閱原先的結構藍圖，分辨何者為承重牆和剪力牆，避免不小心拆掉。如非更動不可，則須專業結構技師的鑑定，鑑定費用通常由屋主負擔。

2. 拆除前，先關水斷電防意外

拆除牆面、天花等，意味著內部的電線、管路也會跟著拆除，因此在拆除前要先做好斷水、斷電，避免工程中發生漏水、漏電的意外。水可分為一般的家用水及消防用水，在斷水時消防用水不能隨便切斷，必須先注意總開關以及和大樓相關單位的協調，如果未處理好，可能會造成水流到樓下，而與住戶發生糾紛。

在斷電方面，家用電切斷時，記得要配置具有安全保護裝置的臨時電，以利工地進行工作。消防電器比如緊急照明設備或感應系統如感熱器、偵煙器等則要做好保護裝置，拆除時務必小心，且記得要恢復原狀。此外，現場要做好消防措施，備有滅火器隨時應變。

圖片提供_樂活輕裝修

圖片提供_樂活輕裝修

（左）迴路設計與總電量是否足夠，是配電最大重點。（右）衛浴安裝包含安裝馬桶、浴缸、浴櫃、面盆等設備，需要配合管線。

02 水電工程

超過 20 年以上的中古屋，由於水電管路已年久失修，因此最好再請師傅重新配管並提升電容量，才能應付未來的居家使用需求。水電工程是與生活品質息息相關的住家更新，最好是藉由翻修老屋時一起重新進行，不然泥作一旦封起來，想要更動就等於所有工程重新來過。

1. 配電與開關

迴路設計與總電量是否足夠，是配電最大重點。尤其迴路設計會直接影響使用便利與安全，迴路越多水電預算越高，但仍建議在經濟許可下多細分規劃，增加高耗電產品的專線迴路配置。千萬別在水電費用上錙銖必較，造成日後因同一迴路負載太多高耗電量的電器，每次同時使用就會跳電，徒增不便。

2. 給排水

裝潢常用管線主要以 PVC 塑膠管、金屬管為主，因為都要埋入泥作中，使用時要小心選擇材質。PVC 管壽命約 15 ～ 20 年，鋼管壽命約 10 ～ 15 年，依照使用環境而定，如果年限到了、剛好要整修住家，機不可失、趕快通通換新吧！

3. 安裝衛浴設備

衛浴安裝包含安裝馬桶、浴缸、浴櫃、面盆等設備，需要配合管線，根據每項設備注意不同細節，進行挖孔、調製水泥砂等多種繁複的動作，至少得花上一天的時間才能完成，所以支付安裝費用是非常合理的！

03 鋁門窗工程

鋁門窗工程通常會搭配泥作工程一起進行，施工分為乾式和濕式，所謂乾式工法，就是用喜得釘鎖上固定再打矽利康塞水路，講究一點的廠商會在新框內灌發泡劑加強防水隔音。此工法常用於舊窗外框不拆除而直接安裝新窗戶時，陽台外推另加裝窗戶或雨水不會直接接觸窗戶的情況。優點是施工乾淨快速便宜，適合已經有人居住的房子，缺點則有窗框寬厚不美觀，隔音效果較差，容易漏水。

若原來舊窗有漏水的情況，就不可用乾式施工，而必須用濕式工法，整治漏水再裝窗。濕式工法就是一般鋁門窗安裝在牆面的方式，須經過泥作填縫，所以才叫濕式，做得好隔音防水都較佳，全新窗也較好看，用於開新窗、拆舊窗框後重裝。窗戶漏水大半都是因為填縫，而拆舊換新因為舊材殘留，更容易發生，因此濕式工法要注意的點較多。不論何種施工法，鋁門窗的更換最好能在同一天拆除、裝設，以避免空窗期造成安全的疑慮，施工進場時間必須控管得宜。

攝影＿黎世宏

鋁門窗工程通常會搭配泥作工程一起進行，施工分為乾式和濕式。

從大規模的砌磚牆、打底、粉光、貼磁磚，到小規模的局部修補等，樣樣都跟泥作脫離不了關係。

04 泥作工程

　　泥作台語為「土水」，明白點出就是土和水的相關工作。凡是涉及到水泥和砂的，都屬於泥作工程的範疇，從大規模的砌磚牆、打底、粉光、貼磁磚，到小規模的局部修補等，樣樣都跟泥作脫離不了關係。即便沒有牽涉到水泥和砂的防水，也屬於泥作工程之一，因為防水必須與泥作配合，壁面和地面都要整平，壁面經過粗胚打底後，才能夠上防水漆，地面則在拆除水電配管、泥作洩水坡度做好打底之後，才能夠上防水漆。

　　空間因為有了泥作工程，而變得不一樣，原本猶如素顏的房子，經過泥作的「化妝術」，從塗上打底層開始，填補表面的坑洞、不平整，到粉光進行更為細緻的瑕疵修飾，泥作工程就像房子的彩妝師，為空間打好基底之後，讓之後的油漆工程、貼磁磚工程、裝潢設計等，能順利地進行，呈現良好的效果與質感，正因為泥作在裝修流程中占了如此重要的地位，所以施工品質更需要被要求，必須建立好基礎，後續工程才能按部就班完成。

設備工程包含哪些？

01 空調工程

進行房屋裝修時，很多人著重拆除、隔間木作、天地壁施工，但全室裝潢完畢後，才想到看不見、摸不著的空調施工，接著進行冷氣安裝，導致冷氣管線外露，破壞了原本美美的裝潢。其實空調包含了與室內空氣調節相關的工程，如冷氣、暖氣、除濕等。由於需要安裝冷媒管、排水管、室內機等設備，必須在木作工程前先安裝，才能確保將這些管線、機器被木作包覆好，不影響室內空間的美觀。

吊隱式空調還必須考量迴風口、維修口的規劃，預防因空氣對流不佳導致空調效能無法發揮、甚至日後無法維修等狀況。若在設計之初，沒有將空調系統納入計畫，未來勢必將以「明管」的方式規劃，大大破壞了室內的美觀，建議先預留管線及室內機的開口位置，暫時不安裝室外機與室內機，這樣一來，以後要裝設空調機器時，就能少掉一筆花費，也不至於影響美觀。

1. 連同排水管一併更換

窗型冷氣或分離式冷氣，不論是何者都需考慮排水的配管與用電的插座，使用分離式冷氣尚需考慮室內機的安裝位置及冷煤管的配送，尤其是老屋，不像新大樓已預留冷媒管，最好都須在事前完善規劃妥當。另外，老屋多為窗型冷氣，排水軟管須沿外牆設置，長年經過日曬雨淋，容易產生脆化的情形，因此建議若要更換冷氣，一起更換排水管為佳。

02 廚具工程

廚具設備一旦安裝完成，之後要做任何更動都會非常困難，因此在安裝前務必確認各管線都已裝設完畢，且無鬆動問題；廚具尺寸也要詳細確認，以符合使用者的身高。

1. 高度符合業主身高

廚房的高度要確認，尤其安裝上方吊櫃時要確定使用者的高度，過高過低都不好。另外，廚具的五金配件不管是壁掛式或吊掛式，需要在現場與業主依人體工學高度與使用習慣，和安裝人員達成共識之後才能安裝。

2. 安裝排油煙管要注意細節

排煙管線的距離勿配置過長，最好能在 4 公尺以內，不要超過 6 公尺，建議在排油煙機的正上方最佳，可以隱藏在吊櫃中。抽油煙機的排油管要避免皺折彎曲，否則容易導致排煙效果不佳。此外，排油風管不得穿樑，同時要使用金屬材質而避免使用塑膠材質，以免發生火災。管尾要加防風罩，並注意孔徑不能太大或過小。

3. 裝設位置附近應避免門

排油煙機擺放的位置不宜在門窗過多處，以免造成空氣對流影響，而無法發揮排煙效果。另外，排油煙機需裝設於壁面或穩固牆面上，以避免日後或運轉時發生危險。

攝影＿沈仲達

在安裝廚具前務必確認各管線都已裝設完畢，且無鬆動問題。

03 衛浴工程

　　衛浴空間最怕的就是安裝過程有疏失，導致需要全部重新打掉再重做，這不僅耗日費時，也會多花一筆不小的費用。在施工前務必要注意確認施工圖面是否正確，以及是否有正確依照圖面安裝，避免事後更動的情形發生。

1. 衛浴空間一定要做防水

　　衛浴空間的防水建議整室重新施作，不要只做局部，導致防水線交接不密合，日後漏水需要花更多時間拆除修補。而衛浴的防水高度傳統是做到 180 公分，但是建議做到頂最好，可以減少水蒸氣滲入。

2. 最好使用不鏽鋼金屬配件

　　安裝的金屬配件應該使用不鏽鋼材質或耐蝕料件，且螺栓與面盆的鎖固處要加上橡皮墊片，來吸收及緩衝鎖螺栓時碰撞的衝擊力，降低器具損壞的機率。

攝影＿蔡竺玲

臉盆和檯面之間填上矽利康，做防水處理。

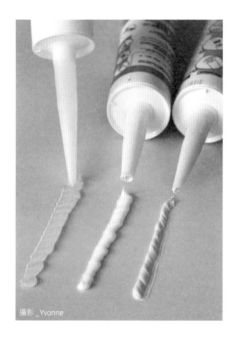

使用添加防霉劑的矽利康能防止矽膠霉變，其效力依防霉劑比例，從一年到十年不等；效力愈強，價格愈貴。

攝影_Yvonne

3 防水收邊要注意

　　臉盆與檯面的邊緣要做到防水收邊處理，而且要確實。同時，安裝檯面式臉盆底下如有收納櫃，櫃子儘量選擇具防水材質或結合點要做好防水處理，可打上矽利康讓每個結合點具有防滲水的保護。

4. 電腦馬桶須預留配電插座和進水安裝

　　設計時需要預留配電插座以及進水安裝。新成屋大多會事先在馬桶排水管附近設置電源，但不少中古屋舊屋通常沒有預留插座，需另外牽線，影響整體美觀。因此老屋重新裝潢時，要考量是否會裝設免治馬桶。

機能工程包含哪些？

01 櫃體工程

最高明的收納方式，不是把櫃子塞滿而是「偷」空間，利用畸零空間或設計手法增加收納空間。不只如此，櫃體的形式還會影響到空間感及空間風格，選擇適合的櫃體樣式，還可達到形塑空間的目的，因此櫃體工程在房屋的裝修中占了相當重要的比例。

1. 依照需求選購貼皮

可依照喜好的木種去挑選實木板和實木貼皮，但不同木種會有不同的特性，像是檜木實木板要注意選的木料是心材還是邊材，若是邊材則材質強度與防腐性較心材差；橡木木皮選用 60 ～ 200 條（0.6 ～ 2 公釐）以上的厚度較佳。在選購時須多問多看。

2. 載重櫃體要注意接合處施工

大型櫃體如衣櫃、高櫃等，具有載重性的櫃子在著釘、膠合以及鎖合的時候都要確實並且加強，否則日後可能因為易變形而使得使用的壽命減少。尤其是木作櫃的層板、抽屜、門板等都要注意距離、尺寸的準確度。

木作櫃的層板、抽屜、門板等都要注意距離、尺寸的準確度。

圖片提供＿樂活輕裝修

3. 貼皮要避免波浪紋路

　　貼皮的時候，如空心門板或櫃身，在邊緣應該儘量注意因貼邊皮的收縮問題，所可能造成的波浪與凹凸。選擇較厚的實木皮，在不影響施工的情況下，用較厚的木皮板或者較薄的夾板底板（2.2 或 2.4 公釐），以避免波浪產生。

4. 收邊儘量做好四面貼皮的動作

　　在貼木皮板的時候，要避免正面與側面因修飾時所造成的木皮板破皮或突出。收邊時，要注意接縫處要平整勿歪斜。

5. 抓對門片垂直線

　　在驗收時，若門板或門框的垂直線沒有做好，很容易可看出門片與門片中間有縫隙或歪斜。另外鉸鏈的中心點未抓好，無法有效支撐門片，造成門會自動打開，或是關不密合的情形，這時要請師傅重新校正垂直線或是鎖緊五金。

裝飾工程包含哪些？

01 天花板裝飾工程

　　裝飾工程泛指任何在空間結構表面的工項，承續前段建構起結構安全、設備線路的基礎工程作業，而天花板裝飾工程就是利用天花板封板把電線管路藏起來，此外，值得注意的是，天花高度訂定須從可完全隱藏做考量，但由於原始 RC 天花不夠平整，因此骨架須進行水平修整，此一動作將影響後續面材施作，與完成面視覺美感，應確實執行。

1. 管線已配置完成

　　釘製天花板時，要確定管線已完工與鋪設完畢，也要確定

沒有漏水的現象，而與地板的完成面高度是否有影響，如果發現有疏失與誤差要即時修改，否則日後再補救會有成本上的損失。

2. 天花板與樓板接合要確實

由於天花板樓板的水泥磅數比較高，所以一定要確實結合天花板，以免發生天花板下沉，並造成離縫與裂縫的情況發生。板與板料做好離縫約 6 ～ 9 公釐間距，以便做塗裝的填裝補土。

3. 確認影響天花高度訂定因素

燈具厚度、照明形式、冷氣安裝形式、樑柱位置及大小，都和天花高度的訂定有關，在計算高度時應預留設備安裝、維修空間；目前最薄型燈具約 4 公分左右，建議預留 10 公分計算，以便未來更換不同燈具。吊隱式冷氣除機身外，須裝設排水管與製作洩水坡度，至少預留 35 ～ 40 公分以上，其餘如壁掛式冷氣安裝位置，與天花位置是否衝突，以及樑柱是否統一包覆，灑水頭位置等，都須一一確認過，方能決定天花的高度。

燈具厚度、照明形式、冷氣安裝形式、樑柱位置及大小，都和天花高度的訂定有關。

02 油漆工程

立面就是一般人所認知的牆面，可以利用上漆、貼壁紙、貼磁磚等各種不同的工法來為立面做裝飾，但為了節省預算，多數人會選擇以油漆方式讓立面煥然一新，因為施作快速、簡單，無論是全面裝修或局部改裝都很適合。油漆是裝修工程中的美化兼基礎工程，但面對油漆工程時，有很多必須注意的地方，像是油漆的分類、一般油漆應該漆幾道、油漆的顏色是否自己調和會比較好等考量。

1. 清理並補平牆面

不論是使用上漆或是壁紙裝飾牆面，都需要清理並補平牆面，才不會讓牆面出現凹凸不平的狀態，因此整平牆面工作很重要。

2. 上底漆相當重要

底漆就像是女人臉上的底妝，如果沒有完美底妝就不可能化出漂亮的妝容。而為了幫牆面做好打底動作，底漆通常會上至 2～3 道，一般師傅常講的「幾度幾面」，其中幾度指的就是幾道底漆的意思。底漆通常不只上一道，除了選擇專用底漆，也有人直接用水泥漆當底漆，至於乳膠漆雖然也可以，但因價錢較高，而且遮蓋力較水泥漆差，因此較少選用；而在底漆顏色上多半採用白色作基底。

3. 確認色號並留下記錄

確定塗裝空間，並且要備有油漆粉刷表，在選擇油漆編號時，顏色色彩要經過設計師、業主以及工班三方的同意。油漆完成後要保留色板及編號，以方便日後重新塗刷能迅速找到相同的產品。

老屋裝修重點整理

1. 根治壁癌，就要拆除牆面

水氣滲透牆面，通常是壁癌形成的主要原因，長期累積的水氣、水泥跟空氣產生化學作用，導致牆面漆面起、剝落，需要敲掉有問題的牆面直至見到紅磚為止，重新塗上防水層才能一勞永逸。

2. 瓦斯管線定期更換

連接瓦斯出口至瓦斯爐或熱水器的塑膠管會老化，建議平均每兩年就要更換一次，可自行更換或請專人施作。更換時，要先將瓦斯關閉，拆下瓦斯管線，接口管束則套在瓦斯管出、入口處，再用螺絲起子鎖緊。

3. 排水及給水另外接新管

一根供整棟住戶使用的排水管，常會因為一戶不慎堵塞排水，使得低樓層住戶與廚房或陽台淹水，所以，重新配管時最好另接新管至地下排水處，並將舊管封住不再使用，如此就不用煩心排水口倒流的情形發生。

4. 老舊電線全面更換

電線使用狀態超出舊有導線的負荷時，會造成電線升溫，使絕緣外皮破化並破損，溫度每上升 1 度，電阻就上升將近 0.4%，電流也著提高，建議使用15 ～ 20 年就應全面更換電線，預防電線負荷量過高導致走火危險。

5. 鐵製水管易鏽蝕

20 ～ 30 年前的老屋，當時都使用鑄鐵管，若從來都沒有更換過管線，鐵管年久易鏽、滲漏，如不即時更換，將可能影響用水的品質。

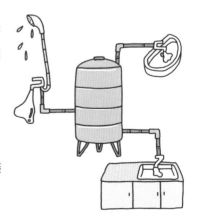

6. 注意樑柱的裂縫走向

老屋壁面常有因地震或施工不良產生的裂縫，不僅易導致雨水滲入，若裂縫過大導致鋼筋裸露、出現在樑柱下方，或牆面呈現表格式裂痕，都應儘速找專家鑑定、修復。

插畫 _ 黃雅方

評估老屋目前
最需要整修的地方

　　老屋最常見漏水、壁癌的問題，一般都是因為年久失修，地震造成窗框、外牆產生裂縫，雨水由此滲入，長期下來水氣、水泥跟空氣產生化學作用，導致漆面隆起、剝落。因此，翻修時一定要找出漏水源頭，拆除有問題的牆面、地面，同時切記必須打除至見紅磚面，才能重新施作防水層，否則漏水問題會一再發生、無法根治！此外，翻新老屋時，要特別注意管線的更換，一方面最好先列出未來可能使用的家電以及個別的瓦數，建議向台電申請加大室內可以使用的總電量以及單一迴路的配電量，避免未來使用因用電量不足而跳電。以下列出老屋不堪使用的各種現象，讓讀者評估哪個區域最需要整修。

 老屋是否有漏水？

發現老屋漏水的 4 種現象：

現象 1：窗戶漏水

　　漏水是老屋最常見的問題之一，造成漏水的問題不外乎結構受損、防水層失效、水管管線破裂等。一旦沒有處理好，可是會一直復發，反而傷財勞力。因此，要先找出漏水原因，才能有效治本，延長老屋壽命。窗台是最容易發生滲水、壁癌的地方，這是因為窗台和牆面的交接處一旦有外力拉扯、間隙材料老化等等，交接處容易產生縫隙。另外，窗台牆面通常會直接迎風雨，若是窗台牆壁未做好防水。下雨時，雨水便容易從窗台縫隙滲水至室內。

插畫_黃雅方

老屋管線如果沒有定期維護，從管線滲出的水就會滲入樓板，使下方樓層的天花板漏水。

現象 2：天花板會漏水

老屋屋頂如果沒有定期維護，不但防水失效也會有裂縫產生，雨水就會滲入樓板或者順著裂縫向下流，使下方樓層的天花板漏水，裂縫最常發生的位置大部分在女兒牆下緣與樓板交接處、通風管道基座周圍及水塔下方；而洩水坡度沒做好或排水孔堵塞，則會使雨水無法順利排除，因為雨水長期積蓄，也會使防水效果變差。

現象 3：陽台會漏水

陽台外推是老屋常見情形，若是陽台區域底部排水管沒做好，頂樓下來的水可能無法排出去，在外推區域的地面滲出水來；另一種狀況是，樓上陽台沒外推但地排有問題或者女兒牆有裂縫，導致下方外推陽台區域的天花板漏水。

現象 4：冷氣會漏水

空調有冷媒管和排水管，排水管主要的功能就是排除冷氣運轉後所產生的水，因此排水管必須做出洩水坡度，讓水能夠順利排出，否則水積在管內使得排水管和冷氣機接頭承受不住而漏水，排水管將水分排出於設備時，會讓排水管的溫度較低，有可能會發生冷凝現象而持續滴水在天花上。吊隱式冷氣的集水盤若積水也會滲漏，這些都會造成天花板漏水。

現象 5：室內牆面漏水

　　室內牆面漏水可能是外牆結構體有狀況，因地震等外力出現裂縫使防水失效，導致水源由外滲入到室內，其他像是埋在牆壁的管線破裂、衛浴防水出現問題，或者房屋位處潮濕地區，也是會使牆面吸收過多水分，時間一久，牆壁因長期含水與水泥產生化學變化，形成所謂的「壁癌」，不但使油漆浮起剝落看起來不美觀之外，也會讓混凝土強度降低。

現象 6：地板漏水

　　衛浴、廚房等都是常見的地板漏水地點，原因可能是埋在地面的給水管或排水管一開始沒鋪好，也可能因為管線老舊或受外力傷害而破裂。其中衛浴若洩水坡度沒做好使水流出門口，或者從門檻下方滲到室外地板，因此門檻或地面洩水坡度是衛浴施作重點之一。

管線是否過於老舊？

管線必須更換的 4 種現象：

現象 1：水龍頭流出汙濁黑水

　　與金屬水管所造成的鏽水不同，年久未清洗的水管也有可能流出汙濁的黑水，有些還帶著黃綠色的雜質，會造成自來水變色、變濁、甚至流量變小，主因是水管內有綠藻或微生物在管壁生成生物膜，並隨著自來水一起被沖刷流出來。

攝影 _Fran Cheng

年久未清洗的水管有可能流出汙濁的黑水。

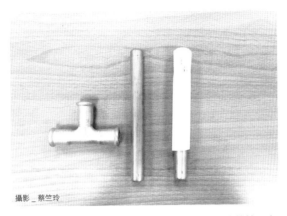

熱水管建議使用不鏽鋼材質,具有耐熱、防鏽的特性,也能耐住水泥砂漿的腐蝕。

現象 2:鐵製水管久了有鏽質

約莫 30 ～ 40 年前的老房子,在屋內供水管路常採用鑄鐵或鍍鋅鋼管材質,近來新蓋建築已較少用。這類鐵製水管平日天天使用雖未發生異狀,但若經過多日停用時,像是出國十幾天,回家一開水可能就會發現水中有水鏽雜質,主要是因為鐵管氧化生鏽造成。建議將所有給水管的熱水管線改成不鏽鋼材質較佳。

現象 3:插座變黑又冒煙

房子住久了自然有老化現象,雖然有些東西越老越見質感,但是若家中插座、電線看起來舊舊黑黑的,就不是什麼好現象,一旦發現插座有變黑、或是偶有火花、冒煙等現象,絕對不能輕忽。許多新聞事件常聽到因電線走火釀禍,甚至造成家庭悲劇的,千萬要特別小心。

現象 4:排水孔堵塞排不掉

房子的水路分為給水管與排水管二大系統,顧名思義,排水系統泛指將屋內使用過的汙水排出。但老屋因多年使用易在管壁上累積油汙,導致管徑變小,進而影響水流量;或是因異物阻塞造成汙水回堵的窘境。

格局是否需要更動？

老屋格局必須更動的 3 種現象：

現象 1：室內通風不佳

地基狹長且只有兩端開窗，再加上都市房屋密集、棟距過近，因此無法順利讓空氣順暢對流，室內窒悶。不過，若真的沒有預算更動臥房、衛浴等空間加裝抽風機，利用抽風機強力抽風功能，不只可讓空氣保持流通，也能適度解決濕氣問題。

攝影＿蔡竺玲

抽風機是改善空氣最經濟有效的選擇。

現象 2：老屋形狀不規則

老屋通常會有長形、形狀不規則等現象，使得格局難以配置。同時也有隔間過多、大小配置不當、多有零碎空間、形成陰暗長廊等問題，坪效未能有效發揮。規劃時除了讓動線流暢，排除障礙物外，也要儘量找出空間與空間的最短距離，以省時省力，增加空間使用坪效。

現象 3：長形格局、隔間太多

早年老公寓多半為狹長形的格局，因此，常聽到會因長形格局的受限，前後光線無法進入到中央，因此中段通常是陰暗的。衍生出陰暗長廊、面寬不足的困擾。此外，隔間一多，絕對會阻擋光線。必須依照生活需求和坪數大小隔出適當的隔間數量。同時在安排隔間時，可利用穿透的玻璃、半高的實牆，使光線進入，也能具有區隔的效果。

結構是否必須補強、重建？

發現老屋結構有問題的 4 種現象：

現象 1：大樑出現斜向裂紋

一般若出現在結構樑上的裂縫或破損，都稱為「結構性裂痕」。若一下子敲到見鋼筋，則表示空氣中濕氣已滲入混凝土中，導致裡面鋼筋生鏽並進而撐破表面的混凝土，會大大降低結構強度，必須再補強處理。

現象 2：柱體出現裂痕或破損

其實樑柱的補強修復方式都大同小異。但相較於樑的裂痕及破損，柱體出現裂痕或破損的結構問題較嚴重。柱體受損的原因有可能是海砂屋或在施工時不慎敲壞等等。一般來說，一旦為確定為海砂屋，為居住安全起見，最好重建。因此若柱體水泥產生自然剝落的情況，建議還是找結構技師測量是否為海砂屋比較實際。

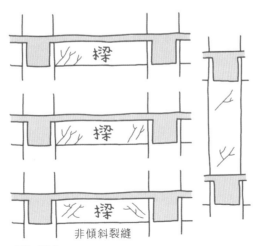

若是裂痕小於 0.3 公釐，且並未裂在結構牆上，不會影響整體安全。

插畫 _ 黃雅方

現象 3：落地門窗框上出現斜向裂痕

　　強烈地震過後，從門框或窗框轉角處往牆面延伸出現的斜向裂痕，則是因為牆面遭受水平向度的外力拉扯所致。但若是發生連同門框窗框發生無法開闔，或是鋁窗落地門會有搖晃的可能，很有可能是整個牆面結構或門窗都產生歪斜，建議拆除更新。

現象 4：窗框邊上有裂痕且漏水

　　基本上問題已不在窗框結構上，而在牆面結構及防水結構上已被破壞了，很有可能會導致窗戶在使用上也容易卡卡的。建議最好從牆體防水開始處理，再來更換窗戶，才能做到百分百沒問題。

設備是否需要更新？

設備需要更新的 3 種現象：

現象 1：廚房排煙管油煙逆流

　　無論是廚房或是浴室，很多家庭都會在空氣較差的空間安裝排煙機或換氣抽風機，但是很多老房子卻仍有異味難消、排氣不良的問題，除了機器老舊、效率不佳外，也可能因安裝問題導致油煙逆流。

現象 2：水壓不足

　　老屋常見水壓不足問題，但水壓不足除了因為馬達與樓層問題外，有時也會因為老屋年久失修的老舊水管生鏽或者髒汙堵塞，造成給水不正常，進而導致水壓不足問題。因此將水管全面換新，恢復水管給水正常，如此便可解決水壓問題。

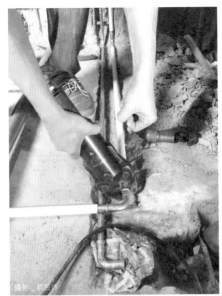

（左）藉由水管全面換新，讓水管給水正常，同時改善水質與水壓問題。（右）老屋通常在空氣較差的空間安裝排煙機或換氣抽風機，導致室內空氣品質不佳。

現象 3：設備配置動線不良

原本浴室的格局不佳或是設備配置動線不良，導致浴室必須移位調整管線，如果是老公寓住宅，糞管不可移動過遠，否則須墊高地板，最好也不要有過多轉折，避免日後堵塞。

現象 4：設備老舊，不敷使用

15 年以上的廚具與衛浴設備，如果已經太過老舊，甚至影響到生活品質，可考慮生活型態的需求來決定更換，而這些設備的費用差距也很大，國產及進口的價差可以達數十倍，除非對質感或品牌相當要求，建議設備連同冷氣工程，花費最少占總預算的 2 成 5。

老屋最需要的
整修重點 Check list

Plus

診斷完老屋所有的潛在問題，便可依照損壞的程度，一一找出哪個部分一定要更換，哪個部分可以保留，請在下方表格整理出老屋需要的整修重點。

工項	要更換	可保留
原水電管線		
消防偵煙器		
空調配管配線		
空調主機		
隔間		
磁磚		
木作櫃（或系統櫃）		
原木作天花板		
廚具		
鋁（鐵）門窗		
衛浴設備		
木地板		
原門框、門片		
燈具		
牆面油漆或貼壁紙		
窗簾		
外門鎖		

聰明規劃預算不超支

　　裝潢取決口袋的深度，稍一不慎就可能有不斷追加導致預算暴增。一開始在做裝潢計畫時，可從總預算控起，粗估預算時保留總預算 10％左右，彈性因應工程中的變化，列出輕重緩急，必做和可以不做的項目，遇到問題或追加時，就能快速做判斷，預算不失控。預算抓不準，導致事後不斷追加，是許多自行發包者都曾經歷的慘痛經驗，其實很大部分肇因於事前抓預算時考慮不周，以及沒有預留準備金以應付突發狀況，事實上只要先預留好裝潢預備金，有突發狀況時也不至於措手不及。該如何抓老屋裝潢預算，以下介紹 3 種粗估預算的方法，並告訴你如何在預算內搞定設備，同時教你如何看報價單。

總價分配法

　　　　屋況好壞會直接影響到裝修預算，新屋和舊屋需要的裝潢費相差會超過一倍以上，因此必須依屋況作為考量點之一，當然，估出的價錢也會依你要求的裝潢項目建材及工法而增減。

　　　　以 30 坪房子，總價 NT.150 萬元裝修預算來分配，隔間門牆、鐵窗等拆除清運大約 NT.6 ～ 8 萬元，水電管線配置約需 NT.15 萬元，更新磁磚 NT.15 萬元、木作 NT.20 ～ 25 萬、油漆約 NT.8 ～ 10 萬元；加上玻璃鋁窗以及木地板各 NT.15 萬、衛浴 NT.10 ～ 20 萬元、廚具訂作 NT.8 ～ 15 萬元，冷氣若是一般國產品牌可以抓 NT.10 ～ 15 萬元。籠統推算，以屋子的坪數乘以 NT.2 ～ 3 萬元之間，差不多就是應準備的基本工程

款了。若是預算拉到每坪 NT.5 萬元左右，除了前述的基本裝修項目，更可以進行大幅度的空間改造，增加客餐廳、臥室書房等的內部機能的強化，以及整體空間美感的提升。

圖片提供＿樂活輕裝修

粗估預算時保留總預算 10% 左右，彈性因應工程中的變化，列出輕重緩急，遇到問題或追加時，就能快速做判斷，預算不失控。

重點分配法

　　從圖面設計到施工完成的整體過程，配合上預算考量，可分成幾個不同的範圍，再就每個空間範圍設計，調整預算，就能夠有效控制費用支出，在預算有限的考量下，可就「是否可入住後動工」為思考原則，考量哪些裝修工程該先做，哪些可以入屋時再裝修。舉例來說，有些工程會製造噪音或煙塵、或是動到泥水的汙工，需要保護遮蔽非工程區域，因此必須要在入住之前完成。

　　此外，獨立空間的衛浴和廚房泥作占這兩個空間工程預算很大部分，因此在不動水管、磁磚的情況下，都可以只做「半套」，也就是更換衛浴三件組和五金等設備，廚房更換廚具，

獨立空間的衛浴和廚房泥作占這兩個空間工程預算很大部分，因此在不動水管、磁磚的情況下，都可以只做「半套」。

換裝工程也只要一天，也不太影響其他區域，重點是比起做整間省了不少費用。不會產生太多噪音煙塵，工期短，或者不是生活必須設備都可以預留空間，等到有預算時再做，不需要一次到位。

懶人估價法

假如你真的懶得自己計算，也不想估工算料，但又希望可以快速地知道在不同地理區域、坪數、戶型、預算等條件下，需要花多少費用在裝潢老屋上，建議你可以使用「樂活輕裝修全屋設計線上報價」：https://www.decorations.com.tw/，只要列出自家的預算、丈量地區、裝修類型與戶型，大約 30 秒，就能幫你估算粗略的裝潢費用。

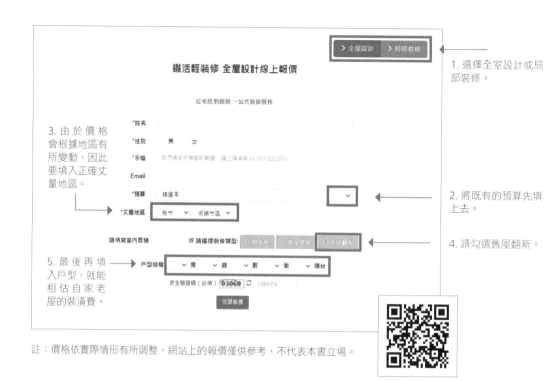

1. 選擇全室設計或局部裝修。

3. 由於價格會根據地區有所變動,因此要填入正確丈量地區。

2. 將既有的預算先填上去。

4. 請勾選舊屋翻新。

5. 最後再填入戶型,就能粗估自家老屋的裝潢費。

註:價格依實際情形有所調整,網站上的報價僅供參考,不代表本書立場。

在預算內搞定空調、廚房、衛浴設備

　　這幾年受氣候變遷的影響,動輒出現極端氣候,極冷或極熱也讓空調成為居家必要的設備,相較於其他大型家電,空調設備的花費也不小;另外,裝潢中,最花錢的兩個區域——廚房與衛浴,其設備的採購要懂得精打細算,才能精準地在預算內完成裝潢。

01 善用早販促銷撿便宜

　　購買空調可利用早販促銷期,約每年的 3 ～ 4 月,此時廠商多會結合送贈品的額外好康。

02 依預算選擇適合的施工方式

　　空調工程的費用分為「機器設備」與「施工費用」，「機器設備」費用決定於機型，「施工費用」因施工方式而不同，施工方式可分為吊隱式與壁掛式，儘量使用壁掛式空調，可省去出風管、線型出風口、迴風口和集氣箱施工等費用。

空調工程費用一覽表

項目	計價方式	附註
壁掛式空調	NT.10,000元起跳（3～4坪，視品牌而定）	安裝費用便宜
吊隱式空調	NT.27,000元起跳（4～6坪，視品牌而定）	工程較多，還要配合木作天花板，因此施工費用較高，比壁掛式至少貴上NT.10,000元以上
安裝架	NT.1,200元（鍍鋅）；NT.3,000元（不鏽鋼）	鍍鋅材質就夠用
集風箱	NT.13,000元／個	
保溫軟管	NT.140元／米	
導風罩	NT.1,500～3,000元不等／個	棟距近要安裝（不含工資）
出／迴風口	NT.600～1,200元／個	ABS材質好清潔（不含工資）
排水管	NT.500～1,000元不等／組	（不含工資）
銅管	NT.300元／米	太薄會漏冷媒

註：價格依實際情形有所調整，以上價位僅供參考。

03 認識廚具零件材質並了解行情

　　廚具為組合性商品，包含櫃體及門片、廚具檯面、水槽、收納配件、廚房三機設備、把手等，每一種零件都有不同材質可選擇，因此價差也很大。

04 依櫃體高度價格也不同

　　櫃體及門片占了整個廚具工程 70％費用，櫃體的價錢來自挑選的門板樣式，可分為美耐板、結晶鋼烤、陶瓷鋼烤、鋼琴烤漆及實木等五種，並根據櫃體的位置吊櫃（68 ～ 70 公分）、底櫃（78 ～ 80 公分）、高櫃（218 ～ 220 公分）的不同而有價差。門板可選美芯板，檯面以實用且價位合理的人造石或不鏽鋼材質最省錢、如果預算有限，省略吊櫃設計改用層板也能省一筆。

05 依廚具型式推估費用

　　廚具的型式不外為一字型、L 型及中島型廚具，也可依廚具型式來推估價格是否合理，以一字型廚具若使用進口五金、人造石檯面約莫需要 NT.10 ～ 12 萬元最省；L 型廚具費用會增加一個電器櫃，約莫需要 NT.15 ～ 18 萬元；中島型廚具因增加了中島廚區，約莫需要 NT.20 萬元。

06 別忽略了工資

　　每套廚具安裝都要再支付水槽下嵌工資、爐貝下嵌工資各自約 NT.1,500 ～ 4,000 元不等，視各家收費而定。

廚具工程費用一覽表

項目	計價方式	附註
美耐板	NT.65～75元／公分（吊櫃） NT.75～85元／公分（底櫃） NT.210元／公分（高櫃）	C／P 值最高
結晶鋼烤	NT.90～100元／公分（吊櫃） NT.100～110元／公分（底櫃） NT.235元／公分（高櫃）	
陶瓷鋼烤	NT.120～130元／公分（吊櫃） NT.130～140元／公分（底櫃） NT.265元／公分（高櫃）	
鋼琴烤漆	NT.110～120元／公分（吊櫃） NT.120～130元／公分（底櫃） NNT.245元／公分（高櫃）	
實木	NT.90～100元／公分（吊櫃） NT.100～110元／公分（底櫃） NNT.235元／公分（高櫃）	它最貴
人造石檯面	NT.80～20元／公分	C／P 值最高
不鏽鋼檯面	NT.90～120元／公分	C／P 值最高
石英石檯面	NT.150～250元／公分	
天然石檯面	NT.130元起／公分	
賽麗石檯面	NT.130元起／公分	超耐高溫
不鏽鋼水槽	NT.2,000～5,000起／個	
陶瓷水槽	NT.5,000元起／個	
人造石水槽	NT.6,000元起／個	不易變形
拉籃	NT.1,000～2,500元／個	
鋁抽	NT.2,000～5,000元／個	
側拉籃	NT.1,000元起／個	
轉角拉籃	NT.5,000元起／個	
瓦斯爐	NT.5,000元起／台	強化玻璃最好清
抽油煙機	NT.6,000元起／台	
烘碗機	NT.5,700元起／台	

註：價格依實際情形有所調整，以上價位僅供參考。

07 依需求選擇配備並了解行情比價

　　衛浴的配備主要包含面盆、馬桶、龍頭五金、浴缸、排風乾燥設備等，由於國產與進口品牌價差不小且設計感也不同。新成屋一般會保留衛浴設備，花在衛浴設備的費用占比很低，除非想要換更好的品牌或功能；老屋則一定要換衛浴設備。

08 網站比價別忽略運費

　　相較於其他建材及設備，衛浴設備網購的市場更大且品項更為齊全，目前除了各大賣場的網站有販售衛浴設備，各品牌網站及網路店家也都有，可一次上網比價，但在比價時要連同運費一起計入，有時候加上運費不一定比在門市便宜。

09 空間、預算足要加浴櫃

　　浴櫃可增加收納機能，若有足夠空間及預算，建議加入浴櫃，一般浴櫃可分為落地式浴櫃、開放型浴櫃，以及吊櫃等可選擇。落地式、開放型或不對稱的收納櫃，大約在 NT.8,000 元～ 20,000 元間。

浴櫃可增加浴室收納機能，若有足夠空間及預算，建議加入浴櫃。

圖片提供_好冶設計

衛浴工程費用一覽表

項目	計價方式	附註
面盆	NT.4,500～數萬元不等（視產地、材質而定）	陶瓷材質最耐用最便宜
馬桶	NT.6,000～10,000元（視品牌而定）	注意乾、濕式施工
龍頭五金	NT.4,000元～數萬元不等（根據國產、進口品牌而定）	
浴缸	NT.4,000元～數萬元不等（根據國產、進口品牌而定）	鑄鐵材質最保溫
暖風機	NT.10,000元左右（視品牌而定）	
排風扇	NT.799～1,200元左右（視品牌而定）	

註：價格依實際情形有所調整，以上價位僅供參考。

 ## 如何看報價單？

　　知道報價方式，也找了參與報價的工班或是廠商，確定裝潢內容後，會針對每一項工程細目，詳細列出並標明金額，接下來最重要一件事就是要看懂報價單（也就是所謂的估價單），可別以為看懂報價單是件容易的事，尤其是工程報價單，對於不懂工程及工法的人而言，不只計價方式複雜，虛報的空間也不少，精明比價後，就要學會如何聰明看報價。

Point_1 **最「滿」的報價再開始刪**

不知道該做多少沒關係，請工班報他們覺得做到最好、最滿的狀態，例如木地板、天花板報施作全室的價格。收到報價單總價或許會超出預算，這時再來刪減不需要的部分：減少施作的量、某些材料降級或是尋找替代品等。事實上，幾乎不會有人照單全收，也沒有必要，但是由最完整，最「滿」的報價開始刪，就不用擔心會遺落細節。

Point_2 **掌握裝潢工程常見計價單位**

不同工程及建材有不同的尺寸計價單位，以地板材來說，一般石英磚或是木地板計算是以「坪」算，而大理石是以「才」為計算單位，1 坪＝ 3.3 平方公尺，一才＝ 918.09 平方公分，也就是說 1 才不過 0.03 坪，因此尺寸換算就像出國換算匯率同樣重要，必須搞清楚怎麼換算，才能精準比價。

Point_3 **單位要清楚，避免一「式」**

為了含糊帶過報價內容或是針對沒有計價單位的工項，很多工班慣用「式」作為報價單位，但「式」並不算是精準的計價單位，以木作櫃來說，一般是尺作為計價單位，同樣是鞋櫃若有含抽屜，五金會另外標示計價，但「式」不會，所以同樣是鞋櫃，用「式」當作計價單位可能只是陽春的層板設計。但裝潢工程仍有無法給予精準單位的工項，若非得使用「式」為計價單位，建議要加附圖說明。

Point_4 **尺寸要標示，最好附上施工方式圖說**

了解計價單位，尺寸也要標示清楚。傳統木作不出圖，還是可以用你期望的圖片和手繪跟師傅溝通；連工帶料有時難以切割工序，師傅會不知道如何報價，請他們起碼口頭說明做法，列出使用材料的資訊，如廠牌型號等（如果可以包含數量），而因為不同工法價格也不一樣，以粉刷工程為例，批土及面漆上得愈多，當然價格就愈高。

常見計價單位	換算說明	運用在哪裡
才	1 才= 30.3 公分 ×30.3 公分 = 918.09 平方公分= 0.03 坪	①大理石計量單位 ②鋁窗的計價單位 ③少部分會運用在磁磚的計價上
坪	1 坪= 3.3 平方公尺 有的估價單會簡寫英文字的「P」	①地坪的計價單位，如木地板或地磚 ②壁面建材的計價單位，如磁磚 ③壁面油漆的計價單位 ④地坪的拆除工程計價，如木地板或地磚 ⑤天花板工程的計價單位
尺	1 尺= 30.3 公分= 0.303 公尺	①木作櫃體及木作油漆計價單位 ②玻璃工程的計價單位，如玻璃隔間、玻璃拉門 ③系統傢具的計價單位
口		①部分泥作工程，如冷氣冷媒管及排水管洗孔的計價單位 ②水電工程之開關及燈具配線出線口的計價單位
組		水電工程的計價單位
樘	類似「一組」的概念	①門窗的拆除工程計價單位 ②門或窗的計價單位窗的拆除工程計價單位或窗的計價單位
碼	1 碼= 3 呎= 36 吋= 91.44 公分	窗簾及傢飾布料的計價方式
車		①拆除工程的運送費 ②清理工程的運送費
支	一支= 53 公分 ×1,000 公分	國產壁紙的計價單位
片	60 公分 ×60 公分= 3,600 平方公分= 0.11 坪 80 公分 ×80 公分= 6,400 平方公分= 0.19 坪	特殊大理石或特殊磁磚計價單位

Point_ 5　量要清楚

價格是依計價尺寸乘以數量，因此數量的多少也影響著報價結果，可別漏看，且要特別注意。

Point_ 6　品牌及型號要明列

即使是同樣品牌不同型號也會有不同的價格，雖只是報價，但品牌及型號都要標示清楚，才能正確掌握價格。

確認數量：
如果有明確數量，像是開關、插座⋯⋯等，可以對照平面圖的數量；地板或者磁磚就要確認坪數，但會多估一些作為備料。

確認單位：
裝潢常用的計算單位也必須知道，不同的建材都有各自的計價方式，才不會落入估價單裡的陷阱而渾然不知。

確認規格：
同一項工程所使用的產品規格會影響到價格高低，這也是容易被偷工減料的部分，一定要仔細看清楚。

確認客戶名稱：
以防設計師錯拿估價單。

確認公司名稱、地址與
聯絡電話：
核對是否為一開始所接
洽的設計公司名稱。

確認施作範圍：
像是拆除要拆到什麼地方、
地板要鋪到哪裡，施工的範
圍也都需要在備註欄寫明，
以免日後有糾紛。

漂亮家居設計有限公司 台北市民生東路2段141號8樓 TEL：02-2500-7578 FAX：02-2500-1916

客戶名稱：				聯絡電話：		
報價日期：						

項目	工程項目	單位	單價	數量	金額	備註說明
一	拆除工程					
	原磚牆面拆除	坪				保留客廳局部牆面
	衛浴拆除	室				包括天花板拆除＋設備拆除＋壁磚地磚拆除＋門組拆除
二	保護工程	式				地板先鋪塑膠瓦楞紙板＋2mm夾板
三	水電工程					
1	總開關箱內全換新	式		1		○○品牌電線／○○品牌無絲熔開關
2	冷熱水管換新	式		1		
	全式電線更新	式		1		220V／○○品牌電線／規格
四	泥作工程					
	陽台貼磁磚工程	坪		3		30cmX30cmX4cm／○○品牌／○○系列／製造產地／顏色
五	木作工程					
	臥室木地板	坪				橡木地板／9.1cmX12.5cmX1.5cm／○○品牌／顏色
六	油漆工程					
	全式壁面上漆	坪				○○牌水泥漆／色號90RR 50YY 83，2次批土／3道面漆

確認執行工法：
價格也會從施作工法反映
出來，例如上漆批土或者
面漆上幾道也都要了解，
一般來說，批土至少要2
次，面漆3～4以上會比較
精細。

確認建材等級：
備註欄通常會標明建材的尺寸、品牌、系列及顏色，請
要求設計師備註清楚，預防建材被調包，作為日後驗收
的依據。不同的建材會產生不同的價格，如果想要降低
預算，可以從建材這部分著手。

自製裝潢預算表

工程地點及名稱：

| 總預算 | | 金額單位　NT. | | | 元（報價未含稅） |
| 開工日 | | 竣工日 | | 總工期 | （工作日／日曆日） |

序號	項目	數量	單位	單價	小計	材料、工法、尺寸、型號說明

項目合計

序號	項目	數量	單位	單價	小計	材料、工法、尺寸、型號說明

項目合計

序號	項目	數量	單位	單價	小計	材料、工法、尺寸、型號說明

項目合計

序號	項目	數量	單位	單價	小計	材料、工法、尺寸、型號說明

項目合計

序號	項目	數量	單位	單價	小計	材料、工法、尺寸、型號說明

項目合計

選擇適合自己的
老屋整修計畫

老屋翻新的工程與裝修新房子最大的不同之處，在於房子老了，不僅外在看到的磁磚剝落、牆壁裂縫或天花板、地板、木作老舊之外，暗藏於內的老舊水電管路等問題，更是麻煩。以下提供 2 種老屋整修計畫，建議預算相當不足的人，可以選擇第 1 種：階段性老屋整修計畫，分 2 年的時間漸進式整修老屋；建議備有基本預算的人可以選擇第 2 種：整體性老屋整修計畫。

第 1 種：預算不足，選階段性老屋整修計畫

階段性老屋整修計畫的優缺點

先從階段性整修老屋的優點開始說起，階段性整修老屋對消費者來說，付款的壓力稍微減輕一些，不需要在短時間立刻拿出一大筆錢來整理房子。但在規劃上會比較容易受到侷限。而缺點方面，如果屋主是住在房子裡，或者施工順序是依照使用空間安排，那麼工程就會比較麻煩。

除了生活品質大打折扣，還要忍受裝修期間的髒亂粉塵，在材料的運送上需要分好幾次處理，無形之間提高了運費及時間成本。

攝影_李依紋

如果屋主住在房子裡，必須忍受裝修期間的髒亂粉塵，生活品質降低。

硬體、設備先做好，未來再做軟裝潢

由於預算不足，先改善老屋的硬體裝潢，未來等預算足夠，再慢慢添購喜愛的軟裝佈置，也未嘗不是個好方法。如果是針對老屋局部整修的話，一般會建議從浴室、廚房開始著手。由於老房子容易遇到漏水的問題，這兩個區域的冷熱水管如果換新可以延長使用的年限；再加上現在的用電量比過去需求更大，廚房的電器用品或者浴室的暖風機都可能要重拉電路，考量到安全問題，建議家中的電箱一定要重新拉線。

此外，空調設備也相當重要。一般老房子的設計都是留有窗型冷氣的預留孔，如果要換成現在常用的分離式冷氣，冷氣排水的管路位置跟整個空調設備的安排都需要事先溝通。

不過，值得注意的是，設備的價格會因為品牌差異有相當大的落差，如果比較講究設備品牌，建議要預留預算才不會造成負擔。

如果是針對老屋局部整修的話，一般會建議從浴室、廚房開始著手。

預算有限可採階段性施工

　　一般住家裝潢，假日是不能施工的，尤其是設有管委會的公寓大樓，週休二日及國定假日都不能施工，因此在計算工期時，要將實際可施工日列入考量，以免造成落差。一般工人工作時間為8:00～17:00，18:00 之後就算加班，費用是正常時間的兩倍，想省錢就要避免在加班時段施工。此外，並非所有的裝修內容都要一次完成不可，若預算有限，不妨依序分階段、挑項目來施工。

2 年階段性老屋整修計畫

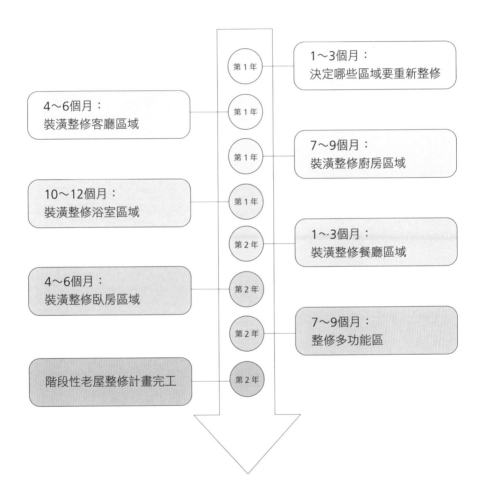

第 1 年　1～3個月：
決定哪些區域要重新整修

4～6個月：
裝潢整修客廳區域　第 1 年

第 1 年　7～9個月：
裝潢整修廚房區域

10～12個月：
裝潢整修浴室區域　第 1 年

第 2 年　1～3個月：
裝潢整修餐廳區域

4～6個月：
裝潢整修臥房區域　第 2 年

第 2 年　7～9個月：
整修多功能區

階段性老屋整修計畫完工　第 2 年

第2種：預算足夠，選整體性老屋整修計畫

整體性老屋整修計畫的優缺點

　　光用想像的就可以知道裝修過程其實會產生非常多的泥砂、粉塵、垃圾，以及諸多不便。如果是一次整體性裝修，就可以避免人住在屋子裡還要忍受髒亂的情況。再來是整體性裝修老屋可以在一開始做好相對完整的規劃，工程期間有設計上的更動也比較容易解決。但整體性裝修老屋最大的缺點就是必須備有足夠預算，對消費者來說，付款的壓力會比階段性老屋整修計畫還要大。畢竟老屋裝修花費高，等於要在3～6個月內拿出一大筆錢來進行工程。

圖片提供＿凱禾設計

整體性裝修老屋可以在一開始做好相對完整的規劃，工程期間有設計上的更動也比較容易解決。

圖片提供_樂活輕裝修

建議硬體裝修與傢具、傢飾採購分配的比例為2：1，傢具軟裝購買的順序以「必要性」考量為優先。

視老舊程度決定拆除工程

　　屋齡越大的房子，因為本身老化加上原有設計不敷使用，硬體裝修需要更新的部分越多，也會影響到拆除工程的規模。如果是8～10年的中古屋，將衛浴設備或廚具更新或許就足夠了，拆除的部分可能就不需要動到隔間牆。但如果是20～30年，甚至是屋齡更大的老房，因為採光不足、格局不適合目前的居住期待等，或是遇到漏水、磁磚膨拱的嚴重情形，便需要拆除隔間牆、地壁磚等，就會是比較複雜的拆除工程。

軟裝採購與硬體裝修同時進行

　　分析出硬體裝修需要進行的部分有哪些？是否能用最簡單的方式實現，避免大動土木支出不必要的費用。在預算足夠的情況下，可以選擇整體性老屋整修計畫，同時裝修硬體設備與購買軟裝佈置空間。但值得注意的是，建議硬體裝修與傢具、傢飾採購分配的比例為2：1，傢具軟裝購買的順序以「必要性」考量為優先。

6 個月整體性老屋整修計畫

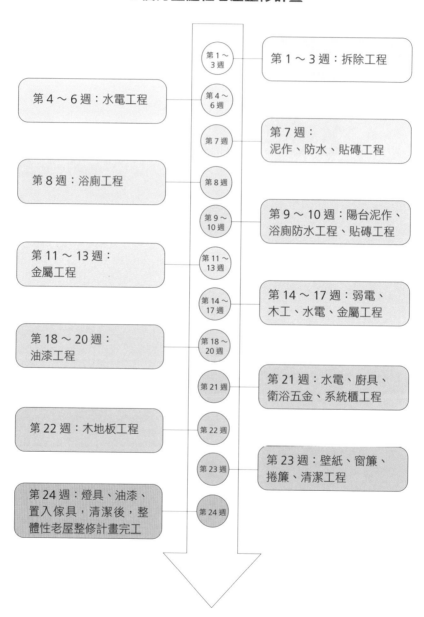

第 1 ～ 3 週：第 1 ～ 3 週：拆除工程

第 4 ～ 6 週：水電工程　第 4 ～ 6 週

第 7 週：第 7 週：泥作、防水、貼磚工程

第 8 週：浴廁工程　第 8 週

第 9 ～ 10 週：第 9 ～ 10 週：陽台泥作、浴廁防水工程、貼磚工程

第 11 ～ 13 週：金屬工程　第 11 ～ 13 週

第 14 ～ 17 週：第 14 ～ 17 週：弱電、木工、水電、金屬工程

第 18 ～ 20 週：油漆工程　第 18 ～ 20 週

第 21 週：第 21 週：水電、廚具、衛浴五金、系統櫃工程

第 22 週：木地板工程　第 22 週

第 23 週：第 23 週：壁紙、窗簾、捲簾、清潔工程

第 24 週：燈具、油漆、置入傢具，清潔後，整體性老屋整修計畫完工　第 24 週

檢視家人最重要的生活需求

將家人的需求一項項列出來後，重新檢視思考，有什麼部分是可以簡化的？有什麼地方的機能是能夠合併的？哪一個部分被省略不會造成影響的，最後才定案。

生活需求	家人習慣	希望改變的結果
家人的鞋子是分開收還是統一放玄關		
家人多待在客廳還是房間		
下廚頻率與做菜方式		
在家吃飯的頻率與人數		
洗澡的方式為淋浴或盆浴		
家人使用衛浴的時間		
家人是否有個別或共同的興趣		
是否有在家練習才藝的需求		
衣物、棉被是集中收還是家人個別收		
特殊收納需求		

老屋各區域的裝潢重點

　　老屋翻修主要目的在於提升屋況安全與舒適性；安全性的強化通常指的是水電、瓦斯管線的全部更新，雖然這部分通常屬於埋入工程，較無法產生「裝潢感」，卻是日後能安心生活的重要關鍵。而舒適性的升級包含採光、通風、動線的通盤整合；若原格局條件許可不做更動，建議以色彩或是軟裝佈置來賦予新樣貌即可；不過油漆工序包含防護、補土、批土、磨砂、底漆、面漆這幾類，工序越多費用自然增加。總之，裝修時需依「實際屋況」跟「個人堅持」做取捨，方能讓預算配比發揮最大效益。

 ## 圖解老屋內部裝潢重點

餐廚裝潢重點 ▪

餐廚改造重心應著重於「機能整併」與「動線合理」。兩區之間不要相隔太遠，這樣無論收納取用或是出餐流程才能互相幫襯。若非開放式空間，則可以利用透光性門片增加互動。

客廳裝潢重點 ▪

客廳是家人聚會或待客的主要區域，因此明亮採光與開闊的空間感是翻修重點。此外，客廳區位也常是銜接公私領域的樞紐，因此動線的流暢度必須特別重視。

臥房裝潢重點

臥房規劃應著重休憩氛圍營造，創設情境角落可增加悠閒。此外，透過加大櫃體尺度能順化動線與添增俐落。而壓樑問題應以焦點轉移做解方，才能兼顧舒適與實用。

衛浴裝潢重點

排水跟通風是衛浴重點，因此要確實查驗是否有滲漏須補強改善，或是管道遷移後是否距離過長，造成供、排水不順暢。應選用防滑建材跟預留插座以增加安全性與方便性。

多功能區裝潢重點

多功能區規劃重點在靈活性，因此可藉由同色系活動傢具來提升整體一致性。而拉門或摺疊門的設計，可讓空間表情多元。搭配封閉與開放兩種類型的收納利用性更高。

圖片提供 _jafara©123RF.COM

客廳裝潢重點

對整個住宅而言，客廳通常是最重要的地方，不但是家人聯絡感情、休閒放鬆的主要場所，同時也是親友來訪入門後對空間的第一印象，只要客廳規劃得宜，居家設計工作就算是成功了一半。

裝潢重點 1：視線串聯擴增空間感

當客廳與玄關緊鄰或呈直進式的開放動線時，除可透過地坪建材做區域分隔外，亦可考慮藉由櫃體延展立面尺度將兩區合一，讓設計更簡潔。此外，透過框景的鋪陳能自然定義出界限，讓入門視野不中斷，從而放大客廳空間。

裝潢重點 2：彈性思維升級舒適場域

若是覺得廳區兩道主牆太近，可以藉由斜向的傢具佈置延展動線。此外，可針對實際生活習慣做傢具取捨，例如捨去茶几讓場域更寬，或是用投影設備取代固定式電視牆。

裝潢重點 3：藉色彩與線板弱化量體

若樑柱明顯，可以先透過色彩縮放空間，再搭配加寬線板比例削減量體存在感，會比直接包覆修飾更能確保場域開闊。

裝潢重點 4：局部拆牆整合動線與採光

採光不足的客廳除了以開放式設計減少陰暗，也可透過拆除局部牆面做光線跟面積整合；亦可搭配拉門創造迴圈動線強化行徑便利。

玄關透過增設一道短牆爭取到鞋櫃、電器櫃及冰箱定位。框景式規劃能拉出界限，也有助延展景深、放大公共區。

透過窗框內縮5公分拉出雨切線，節省了雨遮費用。接著封阻冷氣窗，並將電視櫃斜擺拉長動線，打造開闊明亮客廳。

裝潢重點 5：開放式層架散熱效果較佳

通常視聽櫃以木作為主，可以在背板或側板開孔，作為通風循環之用，而內部尺寸則需要比設備大一些，讓上下左右都有透氣及散熱的空間。若考量散熱效果，層板會比櫃子來得好，像是專門放設備的機台櫃，就可以使用開放式層架的方式設計，更利於散熱。

裝潢重點 6：考量遙控問題

設計視聽櫃時要配合電器設備的尺寸，先決定好設備的機型、測量尺寸後，再設計與尺寸相符的櫃體，例如要將視聽設備放在電視櫃下方，但又不想外露顯亂，就必須考量散熱和遙控的問題。

裝潢重點 7：利用電視牆隱藏線材

以設計電視牆的方式來隱藏線材，一樣可以避免雜亂的線材裸露，電視牆可以設計成結合玄關及電器的收納櫃，牆面中間還可放置CD、DVD，隨時拿取即可享受影音娛樂，賦予機能性更大的使用彈性。

裝潢重點 8：電線外露要收捲整齊

外露的雜亂線路想讓它藏起來，可設計線槽讓管線隱藏於其中，在視聽櫃裡的管線，則可選擇有色玻璃作為門片材質，以便遮掩管線，但其實也不一定非要藏起來，才叫收納，如果選擇好看一點的管線，再將電線收捲整齊，外露也可以是很美觀的客廳風景。

圖片提供 _ 樂活輕裝修

設計視聽櫃時要配合電器設備的尺寸,先決定好設備的機型、測量尺寸後,再設計與尺寸相符的櫃體。

裝潢重點 9:視聽櫃寬度至少需 60 公分

　　雖然市面上各類影音器材的品牌、樣式相當多元化,但器材的面寬和高卻不會因此相差太多。視聽櫃中每層的高度約為20公分,寬度多會落在60公分;深度則會為了提供器材接頭、電線轉圜空間,也會達到50～60公分,再添入一些活動層板,大多數市售的遊戲機、影音播放器等,就放得進去了。

廚房裝潢重點

理想的廚房形式，必須依據現有的廚房空間來規劃，同時考慮家庭的組成人口與經濟預算。由於時代演進，如今被視作「公共空間」的廚房，早已擺脫過去只是主婦一人單純料理的封閉空間，空間地位不可同日而語。

裝潢重點 1：餐廚靠近便於機能共享

餐廚機能有連動關係，因此兩區距離靠近才能使機能互相幫襯。若因牆面太短導致餐桌不好擺放，可透過調整門片位置做延展；搭配玻璃門片或小窗，就能同時兼顧空間串聯與油煙阻隔的需求。

裝潢重點 2：善用色牆或櫃體形塑定位

開放式餐廚多半與客廳融合，為了避免區域定位過於模糊，可以善用吧台或中島做界限暗喻；或是利用樑柱位置、立面建材延伸至天頂這類手法製造框景，讓空間自然區分開來。此外，利用色彩或是櫃體創造主牆，也是常用手法。

裝潢重點 3：考慮收納便利性

東西不多就不是廚房的特色了，所以，規劃收納的空間非常重要，可用開放層架取代吊櫃。中間層架高度約80～160公分左右，伸手可及的位置最好擺放使用頻率較高的東西。若東西較多，建議要做立體收納。但一般天花板的高度是2.4公尺，所以最上面的櫃子多在2公尺以上。這裡必須墊腳，才可能拿得到，最好放平常較用不到的東西。

圖片提供 _ 凱禾設計

將玻璃門片向右微調，創造出3公尺長一字櫃空間，也維持了餐廚視野連結，並以層板收納避免櫃體做滿的壅塞。

裝潢重點 4：合宜的照明設備

除了料理檯上方應該有個照明燈外，抽油煙機一般都附有小燈提供合宜的照明外，若能選用櫃體懸空的廚具設計，就可在廚具與地面間加裝燈管形成一道間接光源，除了可當小夜燈外，老鼠、蟑螂也不容易靠近。

裝潢重點 5：廚房壁材選擇以易安裝保養為佳

廚房大部分會選擇貼磁磚，不過由於櫃子和檯面的距離有限，若選大磁磚在比例上會顯得十分奇怪，還是以小一點的磁磚為佳。針對這個區域，目前也有以強化玻璃作為壁材，先量好尺寸後送去工廠強化，然後就可直接裝於任何牆面之上，整塊玻璃沒有磁磚所產生的縫隙，所以非常容易清洗，是目前最易保養的廚房壁材。

餐廳裝潢重點

　　餐廳也是家中成員最常使用的空間，通常在餐廳停留的時間多半是吃飯，可當成到客廳、廚房、衛浴或是到臥房的迴旋區域。

圖片提供 _ 樂活輕裝修

先確定餐桌的形狀與尺寸，很重要。

裝潢重點 1：餐桌的形狀與尺寸

必須先確定你所希望的餐桌形式（圓形或長形），以及使用人數多寡（六人或八人）。圓形的餐桌比較占空間，但適合中式的用餐方式，長形餐桌較具現代感。拿出傢具圖板，看看你想用的餐桌是否放得下。餐桌的走向與廚房入口垂直是比較好的安排方式。

裝潢重點 2：餐椅選擇與空間寬度

說到餐椅，重點不在於形式，而是它與空間的關係。以方形桌來說，一個六人餐桌，尺寸是80×150公分，所需長度，若加頭尾兩張椅子拉開的距離（椅子拉開可坐人，需要有80公分），則要150＋80＋80，等於310公分，才放得下，同理，寬度80＋80＋80，等於你的餐廳寬度要有240公分才合乎標準。

裝潢重點 3：先求功能完整，再講求美感

餐廳很多是位在所謂的過渡空間（連接兩個空間的地帶）上，因此，在設計上，與其誇張、膨脹，不如講求精緻、融合，而且要先求功能的完整性，再去變化出美感來。

裝潢重點 4：增電力與插座讓使用順暢

翻新老屋時最好能一併提高電力負荷容量，避免家電同時使用時跳電。此外，邊吃邊用3C產品已是常態，可以在用餐周邊增設插座會更方便。

圖片提供 _ 鄭宋設計

餐廳藉由1小1中的雙重線板使橫樑變小，並以門框分界兼顧開闊與獨立。鏡面不僅延展景深，也有助化解晦暗。

裝潢重點 5：因應區域屬性配置合宜燈光

　　餐廳燈光最好採用2700K黃色間接光源，氣氛會比吊燈直接聚光於餐桌更柔和。而廚房屬於工作區，可採6500K的白光照明會較實用。

臥房裝潢重點

　　臥房的規劃，是居家設計中非常重要的一環。臥房分主臥、小孩房及客房，每種房間依功能及坪數的不同，規劃的重點不一樣，如何花費不多的錢將現有空間進行改裝，需要更高的技巧。

裝潢重點 1：床頭主牆的設計要視比例調整

　　理想的主牆應該包含床墊（寬150公分）、床頭櫃（6公分×2）、預留縫隙（10公分）以及化妝檯（105公分），總共385公分。

　　若是主牆大於這個尺寸，則可考慮用加大的床墊（寬180公分），或者省去一邊的床頭櫃，改以化妝檯代替也行。有的隔間規劃，主牆的長度不到3公尺，根本沒有地方放化妝檯（除非床墊靠牆），像這種情況的房子，就要小心考慮了。

裝潢重點 2：走道距離的拿捏

　　床墊與走道的距離，通常有三種狀況：第一，主臥夠大，除了床墊及走道（60公分以上），前面還有空間擺放像電視櫃之類的傢具，這是最佳的主臥尺寸。第二是，衣櫃必須做在床墊的正對面。由於衣櫃多半會高至天花板，會產生壓迫感，所以中間走道最少要有65公分才行，也方便門扇開啟。第三，床墊隔著走道就是一堵牆壁。這時就要注意，走道的寬度絕對要超過60公分，否則可能連走路都要側著身子才能通過。

裝潢重點 3：床頭與床頭櫃的選擇

　　所謂的床頭櫃，可以分為兩種形式，一種是位在床墊的前方靠牆的位置，主要用來放棉被或較大的雜物，設計時必須考慮走道的距離是否可行（櫃深45公分）。另一種則是在床兩邊的矮櫃，能收納書籍、文件及較小的雜物，可以用門扇、抽屜或開放式空格等，依照需求做調整。

　　床頭的造型則是變化無窮，其高度可分為半高式及到頂式，依材質則有木皮、噴漆、繃布等可供選擇，有時候還可以配合儲物及燈光等不同的設計。

裝潢重點 4：櫃牆整合動線與收納

　　收納是主臥設計重點之一，建議用大片櫃牆整合收納，順化動線同時也會讓空間線條俐落。若以活動傢具佈置，可採高櫃搭配斗櫃讓整理時更順手。一般來說，單身的話，男生的衣櫃需要150公分（五尺）以上的寬度，女生則至少要210公分（七尺）。若是結婚的夫妻，共同的衣櫃寬度最少要300公分（十尺）。如果無法符合前述的要求，儲藏機能很可能會發生

圖片提供＿輕活輕裝修

床頭櫃是在床兩邊或中間的矮櫃，能收納書籍、文件及較小的雜物，可以用門扇、抽屜或開放式空格等，依照需求做調整。

問題，這時候就要另外利用矮櫃、抽屜櫃或其他儲藏方式來彌補不足。

裝潢重點 5：轉移視焦才是壓樑解方

壓樑問題一般採用增加橫向床頭櫃化解，但卻可能衍生走道距離被壓縮，或是上掀櫃不好應用的問題。其實可善用床頭板與枕頭間距避免頭直接置於樑下，最後讓平躺時視線能向前延伸，自然就不會將焦點定著於橫樑。

裝潢重點 6：用色彩與情境角落助眠

臥房空間最好能選擇帶點灰或褐的色系，讓感官刺激降低幫助睡眠。還可以在窗邊或床側利用臥榻、單椅或床尾几創造情境角落，額外搭配2700K左右的黃色光源可以讓整體氣氛更閒適。

裝潢重點 7：衛浴門片暗藏設計更一致

廁所對床也是常見困擾，建議可採滑軌門遮擋或隱藏門設計，會讓整體視覺效果更簡潔。

（左）床尾以櫃牆順暢動線，不及頂設計讓牆面與周邊橫樑共構成迴圈，既少了壓迫感，也因視覺延伸轉移了壓樑的不適。（右）窄長形臥房藉由冷色系增加開闊性，並透過傢具製造出段落感避免冗長，搭配展覽架收納，讓空間應用年齡層不受侷限。

多功能區裝潢重點

以居住者為考量來決定多功能區的用途，譬如，家庭成員有誰？未來有沒有育兒的可能性？是否會有親友來暫住……等需求？多功能區可以當作書房、孩子房、客房、孝親房的預備空間，故空間的可變動性須比其他空間來得更大。

裝潢重點 1：用同色傢具創造整體感

對於保留原格局的翻修老宅來説，多功能區通常是預留一間空房以充當書房、遊戲室或是客房，此時不妨選擇風格相近、同色系的活動傢具來佈置，有助提升整體質感。

裝潢重點 2：活動門調度讓空間更靈巧

對於可變更牆面的多功能區，通常是為了增加採光串聯或是延展空間感所致，可以利用滑軌拉門或是摺疊門的開闔來調度氛圍，同時又可確保獨立性。

裝潢重點 3：開放＋封閉收納一把罩

在具有使用彈性的多功能區內，可以考慮用大片櫃牆整合收納，形式上則以開放搭配封閉型做規劃；一來可以讓格櫃、層架成為屋主品味的展現，二來也能藉抽屜或門片隱藏雜亂，維持設計清爽。

裝潢重點 4：善用畸零角落提升實用與俐落

　　小坪數可能採取全開放式的格局，此時規劃重點要放在與周邊區域的協調性。此外，要善用樑下或梯下這些區塊，藉由櫃體尺度的延展可擴增收納，同時增加空間俐落。

全開放多功能區透過延展書桌檯面尺度，完美利用了樑下空間，同時透過開放與封閉型收納搭配，兼顧美感與實用性。

獨立型的多功能區多為空房，利用同色系的活動傢具滿足收納、創造整體感，卻又預留了變更用途的方便性。

衛浴裝潢重點

近年來，隨著生活水準提高，衛浴不再只是上廁所、洗澡之用，面對現代人重重壓力與疲累，衛浴也成了舒緩身心、解壓的最佳空間。一間完美的衛浴空間，除了馬桶、洗手檯配置外，清爽舒適更是重點。

裝潢重點 1：防水補強與測試不可輕忽

防水是衛浴重點，防水工程一般會使用膏狀「彈性水泥」進行 2～3 道防護，在牆壁四個邊角、地排及糞管邊緣區域最好加強施作。此外，應進行長達一天的蓄水測試，避免有滲漏到外牆或到樓下等狀況。

裝潢重點 2：留意排水變更與電力預留

浴室翻修時可能會改變部分格局，因此要留意排水的位置，是否跟調整後的位置距離過長，或者有墊高的問題。若要在天花板裝設多功能的暖風機，須預留專用迴路避免跳電。

裝潢重點 3：慎選建材確保舒適和安心

衛浴的自然採光很重要，能照出一副好臉色的採光設備絕不能省。選用可調式電燈，可視需求調整光亮度。天花板上一盞主燈的均佈照明（General Lighting），雖然能將空間照亮，但因為光線會是平的，空間顯得無趣。不妨運用投射燈及間接燈光，可於洗臉檯前上方的天花板，運用壁面打跳燈，利用這些光源作出空間的層次。考慮水氣侵襲的問題，因此必須慎選燈具，若使用嵌燈最好加裝玻璃罩，以防水氣侵襲。採光較差的浴室，可利用半透光建材引入光線、增加開闊感。牆面

（左）採光不良的衛浴可用半透明的材質來引光、減少封閉；再搭配淺色的高亮釉磁磚增加反射，使空間放大又好整理。（右）乾濕分離衛浴藉漆色及馬賽克拼花強化了美感與安全性。而洗臉檯周邊預留了通道與插座，也有助提升日常實用性。

可以採用淺色高亮釉磁磚增加反射，同時也易於清理。地板則應挑選防滑性高的磁磚。若能在馬桶或是浴缸旁加裝扶手會讓安全更升級。

裝潢重點 4：防潮材質延長收納櫃壽命

乾濕分離的衛浴，可用油漆與磚材搭配強化設計感。洗臉檯周邊可預留通道，方便兩人同時使用或做活動式收納規劃。浴櫃的收納最怕濕，尤其盥洗面盆下方斗櫃還會有管線問題，所以可選用人造石、鏡面、玻璃、鋁框等防水材質延長使用壽命。下方管線則可使用門片加拉籃方式，與管線做區隔。

裝潢重點 5：利用設計手法放大空間

　　懸吊式馬桶，較不占空間，不易藏汙納垢，同時也方便清理。衛浴設備儘量簡單，除了必備的馬桶、洗手檯及浴缸或淋浴柱外，儘量不要再增加設備。運用大面鏡子，製造空間視覺的可能性，小空間再裝飾小鏡，會令空間顯得更小。在離視線最遠的那一道牆加裝間接燈光，在小空間製造端景的感覺。配件的陳列不要零散，否則會感覺更壅擠。將功能集中，也就是將毛巾架、吊衣架等類同功能的五金集中在同一個牆面上。

裝潢重點 6：先考量硬體再決定天地壁的顏色

　　一般家庭的衛浴空間並不是很大，硬體設施的定位及天地壁的顏色都會影響空間感。建議先將占據最大空間的硬體，如洗臉檯、馬桶、浴缸（或淋浴間）定位，先考慮平面（硬體配置），再決定方式及風格。並依空間大小，考慮天地壁的顏色，像坪數較小的浴室，維持純白、素雅及乾淨，小空間就會看起來變大。

圖片提供＿凱禾設計

坪數較小的浴室，維持純白、素雅及乾淨，小空間就會看起來變大。

裝修工程總驗收項目整理

項目	驗收重點
驗收文件	各式施工圖、報價單、說明書、保固說明書等。
木作工程	木地板、木皮、牆面造型、線板完整度、櫃子等。
塗裝工程	批土平整性、瑕疵痕跡、打底工作、噴漆上蠟、壁紙對花、縫隙等。
磁磚工程	平整度、貼齊度、縫隙、缺角裂痕、是否有空心磚。
水電工程	確實核對管線圖設計圖、插座數目位置、安全設備、漏水情況、管路暢通等。
鋁門窗工程	是否符合設計圖、開關平順度、隔音、尺寸確認、密合度等。
五金工程	抽屜抽拉平順度、五金是否符合設計圖、大門鎖是否扣牢與最後更換點交。
窗簾工程	款式尺寸確認、平整性、裝設是否有瑕疵、是否對花等。
其他工程	所有門窗開關是否平順、防撞止滑工程是否徹底、材質填縫平整度、隔熱防漏等。

聰明取捨建材與工程，
有效節省預算

　　建材的使用不只影響空間氛圍及風格，更關係著入住後清潔、保養，甚至是安全的問題。並不是說買貴的建材或是選擇貴的工程就代表是好裝潢。舉例來說，壁紙的選購，一碼 **NT.2** 萬元與一碼 **NT.500** 元的壁紙，摸起來的質感上是有不同，但在風格營造上，只要用對顏色配對花色，展現的效果可以創造價值，且能符合預算以提升空間的質感。

 ## 基礎工程絕對比裝飾工程還重要

　　一間房子的核心非水電莫屬，水管理了家人的健康，電則是擔負我們的生命財產，無論外表設計多麼華麗，一旦電線走火、水管爆裂將損失慘重。在有限預算內，超過20年以上的老屋，水電必須全部抽換，尤其水管管線早期多是埋在地板底下，若為了省錢而選擇保留原有水管，未來發生熱水管爆裂，不僅難以維修，精美地板也將全數損毀。

　　而有些40幾年的老屋或別墅型透天厝，拆掉樓板後發現結構樑出現鋼筋外露（俗稱：鋼爆）的情形，這是因為該區濕氣太重或漏水而導致的鋼筋腐蝕，使其表面磁磚有鋼爆現象，這也是老屋翻修時必須注意的鋼構問題。若鋼筋只是輕微腐蝕，通常會在鋼筋刷上紅丹漆後，表面再塗抹一層水泥；嚴重

圖片提供 _ 巧軒空間設計有限公司

20年以上的老屋，建議水電必須全部抽換，天花板也應留意是否有鋼爆情形，其居家安全性永遠勝過外表的華麗裝潢。

者，則會在鋼筋外補一支鋼鐵綁住，加強鋼筋堅實度後再施作後續工程。不過，海砂屋因修復工程繁複，不適用上述方式。

值得注意的是，老屋的水電管線全面更新也是不可避免的，老舊水管容易有生鏽、阻塞、漏水的問題，電線也不一定能負荷新式家電的用電量，這筆裝修費用建議不可省略。因此老屋的裝修預算，重點須放在泥作與水電等基礎工程，且絕對比裝飾工程還更重要。

以國產品牌代替進口品牌

　　進口品牌要價不菲，想節省裝修費用，國產品牌是不錯的選擇。以衛浴設備來說，像是德國一個馬桶可能要花費NT.100～200萬元，預算根本無法負擔；然而，國產品牌如「TOTO」、「凱撒」都是CP值高且有口碑的優質選擇，尤其「凱撒」不僅榮獲德國iF設計大獎，且價位親民，外觀造型與實用兼具，不到NT.1萬元就能挑到設計款商品。

　　而廚房的三機選購上，「櫻花」堪稱是國內的領導品牌，除了造型時尚，價格亦容易入手。而廚房檯面也有省錢妙招，最經濟實惠的是美耐板材質，花色多樣，耐熱、耐磨，價格便宜，常為投資客使用。而一般大眾則普遍選用人造石檯面，搭配造型系統門板或水晶門板，廚房風格不僅煥然一新，亦能將費用壓縮在有限預算內。

圖片提供＿巧軒空間設計有限公司

裝修房子時，廚房三機與衛浴設備的選擇要控制在預算內，並非一定得指名進口品牌，國產品牌也有實用、設計感不輸國外的水準。

利用裝修工程為室內門面把關

　　當基礎工程完工後，確保了屋況的安全性，接下來就是妝點室內，為老屋穿上新裝。以電視牆來說，想提升居家優雅內斂的氣息，多會鋪上大理石，但花費可能高達NT.7、8萬元，甚至是NT.10幾萬元，因此可利用仿大理石紋路的石塑板取代，或者美耐板、系統門板也有推出類似石紋的花色，同樣能打造出低調奢華的氛圍。

圖片提供 _ 巧軒空間設計有限公司

門板並不是只有一般常見的陽春型，圖中黑白相間的造型拉門，作為餐廳與室內空間的區隔，成為居家空間的一大亮點。

想為地板換上新皮，打掉地板、重貼磁磚、運走垃圾等共會產生3筆費用，建議若地板夠平，可選用卡扣式的超耐磨木紋地板，耐操抗刮；或者符合室內裝修綠建材材質的石塑木地板，一坪約NT.3,600元，具有防焰、防潮、零甲醛的特色，不須鋪上高昂的實木地板，也能營造出居家溫馨感。

圖片提供＿巧軒空間設計有限公司

呼應室內天花板與櫃體的木紋造型，將房間門板與餐廳主牆利用同樣木材設計出隱藏式門板，藉此使牆面看起來更加完整。

減少繁複木作，改用系統櫃

　　木作工程本就繁複，尤其越複雜的櫃體，上漆更耗時，全部包辦到好，費用恐怕吃不消，因此購屋族多傾向選用系統櫃。一般來說，系統櫃是由環保材質製成，有耐刮、耐高溫、容易清理的特點，且無毒無味、防焰、低甲醛，有小孩的家庭能安心使用；此外，還能依不同需求移動層板、隨時擴充，可變動性較高。以施工期來說，木作通常是以月作為計算單位，但系統櫃不到一週就能完工。

　　系統櫃通常會運用在臥室，而公共區如客廳、餐廳、玄關也可以系統櫃做出變化，例如在櫃體上噴漆跳色，或者利用高低差營造出活潑空間感；若荷包緊縮，也可選用素面無裝飾的基本板材，以降低裝修費用。

圖片提供＿巧軒空間設計有限公司

木作費工、費時且價格高，除了可利用系統櫃增加收納空間，櫃牆也能以不同大小的木櫃拼接，使其櫃面設計變化多端。

小坪數空間有限，將玄關壁體結合鞋櫃的收納機能，能將室內坪效發揮到極致。

局部使用訂製傢具，勝過全訂製傢具

　　居家裝修少不了添購傢具，但全訂製傢具不僅增加預算，且強調同一材料、色系，有時容易出現視覺疲勞，並不一定有加分作用。因此，巧妙運用現成傢具裝飾局部空間，反而能創造另類的和諧氛圍。

　　以電視櫃來說，可依電視牆的造型，購買現成櫃體來搭配；另外，像是化妝檯、書桌也不須訂做，坊間傢具行款式多樣，可依其需求與空間選購；而床邊櫃也不再只有陽春的方正造型，有些還會做曲面、弧形等簡約風格，上完一層鋼琴烤漆，彰顯其低調奢華。除了可至國內實體傢具行購買，網路商城也是選購CP值高的傢具途徑，尤其淘寶款式多、有些質感也不差，若有時間等待，建議可上網挑選。

圖片提供＿巧軒空間設計有限公司

因考量客廳精巧的空間，部分傢具傾向購買現成，例如選用清透的玻璃茶几，保留視覺穿透感，底部再鋪上草皮來呼應屋內的綠化主題。

保留舊有建材或二手剩料再利用

　　老屋翻新的成本往往超過新屋裝潢的費用，若是全部拆除重修，預算恐會爆表，因此適時保留舊有元素，也能擦出現代與復古的反差火花。像是屋齡超過20、30年的房子，其門板通常都是安裝六格或八格的實木門，以現代眼光來看或許過時，但只要簡單刷上一層白漆，立即展現古樸典雅的氛圍，若想要多點變化，也可在門面噴漆完成後，加些線板或玻璃鏡面，亦能創造不同質感。

　　天花板如果要拆除重做，一坪可能會花費NT.5,000～6,000元，因此若狀況良好，只是沾染些許髒汙，僅須噴底漆再上白漆，一樣能回復原先的白淨樣貌。而早期多是鋪實木地板，若沒有隆起，可將表面重新磨過再上霧面透明漆，溫潤色澤，增添居家溫馨氣氛。

圖片提供 _ 巧軒空間設計有限公司

早期的六格實木門看似過時，但只要門板保存良好，刷上白色塗料，再搭配文化石壁面，也能擁有北歐風的氛圍。

圖片提供 _ 巧軒空間設計有限公司

天花板重整花費高，現今流行的工業風，強調不遮蔽家中的裸露管線，可將其管線設備漆成霧黑色，搭配軌道筒燈、燈飾，打造出居家工業風。

玻璃做門面比磚牆還省

　　相較於磚牆做隔間，玻璃則會更節省。若是使用紅磚做隔間牆，連工帶料的價格約為一坪NT.7,000～9,000元不等，工期長且費用高；因此依居住需求，適當以玻璃門加裝鋁框隔間，不僅縮短施工時程，且玻璃的穿透性能放大延伸原有空間感，即便是小坪數也能創造出寬闊舒適的感受。

　　玻璃隔間一般會使用在書房、玄關屏風，而廚房隔間牆也可施作玻璃隔間，具防水功能，保養也相當簡便，不過15樓以上的房子因有消防法規的限制，必須施作磚牆，以符合其安全性；而浴室也可安裝玻璃隔間，若考量隱私性，可選用表面有花樣、霧面造型的玻璃或加裝門簾，以強化掩映功能。

圖片提供＿巧軒空間設計有限公司

利用玻璃以及鏤空元素讓視覺連貫不受阻隔，因應屋主喜好打造客製化隔屏，以草葉壓花板和礦石板錯落拼接而成，藉此保留空間的完整通透。

圖片提供＿巧軒空間設計有限公司

若不希望室內空間看起來狹隘，又想餐廳與和室區隔開來，巧妙運用玻璃的穿透性做拉門，能達到延伸空間視覺的效果。

鋪耐磨地板省下泥作工程

　　希望以木地板營造溫暖質樸的氛圍，不須打掉磁磚、施工泥作，只要老屋磁磚沒有漏水、嚴重龜裂、隆起等不良狀況，可將地磚視為基材，直接在上方鋪木地板，而一般最常使用且價格容易入手的以石塑木地板、耐磨地板為主，除了仿木紋，還有仿紅磚、仿石紋等花色，踏感與觸感都不錯，且施工簡便、工期短，是CP值高的地材。

　　然而，坊間耐磨地板品牌眾多，個個都在比便宜，想挑到品質有保證的商家，就必須請對方出示產品證明。雖説面材是塑膠且多為大陸製造，但底板若是台灣製造，通常都有防蟲、防焰、防腐的功能，可阻絕濕氣、防止地板變形、長蟲。而超耐磨地板的推薦品牌以「史東」名聲最響，不僅選擇性高，價位親民，品質更是不必擔憂。

圖片提供 _ 巧軒空間設計有限公司

圖片提供 _ 巧軒空間設計有限公司

（左）地板若沒有漏水、隆起、龜裂的情形，鋪上超耐磨地板節省泥作費用，也是一種方式，且坊間推出許多不同紋路的超耐磨地板，可供屋主選擇。（右）喜歡深色實木地板但因太貴而無法入手，除了超耐磨地板的選擇外，石塑木地板也可列入考慮，同樣能創造屋主心目中的典雅氛圍。

選用價低的替代建材，營造相同的空間感受

　　現今建材款式多樣，為了節省民眾裝修預算，衍生出許多替代建材，不僅擬真度高，還更為環保，在有限費用內就能打造安全舒心的環境。以牆面來說，多會以大理石彰顯大器質感，不過因其容易吸附水氣與髒汙，且價格高昂，所以可用便宜的人造石、仿石紋壁紙取代，甚至也可選擇造型多樣的硅藻土裝修，其有調節空間濕氣的功能，最重要的是價格不貴。

　　家中若要大量鋪木地板，實木雖然觸感好且紋路獨特，但價格高，可改以低廉的超耐磨地板，除了耐刮、易清潔，選用卡扣式產品，不僅施工快速，換房時還能回收再使用，是小資族的最愛。不過，替代建材有利有弊，須評估自身需求與建材優缺點後再決定，以免貪小失大。

圖片提供_巧軒空間設計有限公司

沙發背牆不一定要選用價高的大理石面，利用壁紙所帶來的光澤感，能創造客廳的視覺焦點，並襯托出米白色傢俱的舒適度。

善用高CP值的替代建材，也能在預算內打造高貴典雅的起居室，利用仿實木花紋的超耐磨地板，搭配古典花紋壁紙，荷包不失血。

壁紙、塗料瞬間轉換空間樣貌，比貼磁磚 CP 值高

　　為了突顯客廳的氣派與亮點，在壁面貼磁磚能營造出高貴冰冷的氣息，但隨著施工工程的不同，造價會貴一些。其實，彈性選用壁紙也能達到屋主理想的居家氛圍。像是日本、韓國的期貨壁紙，有活化石、清水模、木紋、工業風等花色，只要牆面平滑，貼上壁紙裝飾，也可達到相同效果。

　　另外，善用油漆跳色亦是改變室內氛圍的一種方式，可用一些亮度高的鮮豔顏色點綴，或是在單牆上色，與主色形成強烈對比，簡約中帶點俏皮趣味。例如在純白客廳中，電視牆刷上寶藍油漆，抑或以藍黃白在牆面做出幾何圖形等，甚至用不會刺眼的灰階色彩去拼貼牆面，都能為室內空間點綴出活潑跳躍感。

圖片提供 _ 巧軒空間設計有限公司

餐廳的森林系風格並非只有木紋與草皮元素，在牆體上運用特殊漆色，刷上鵝黃雪花漆，能為空間帶來明亮、溫暖的效果。

電視牆的設計很重要,是客廳的焦點,坊間壁紙花色選擇性多,圖中客廳特別挑選清水模壁紙,色調與紋路成為令人矚目的亮點。

善用隔間和舊櫃換新，收納傢具也很經濟實惠

　　櫃子對室內裝修來説，是一項非常實用的傢具，除了收納，還能做成隔間，可有效擴大運用小坪數的居家空間。在預算有限、坪數不大的情況下，收納更顯重要，例如臥室衣櫃沒頂到天花板，這段空間就能製成收納櫃，由於櫃體上方已有底板，所以只要施工做門片遮醜，就能再多一處空間存放，是非常經濟的做法。

　　而小房型因寸土寸金，其空間利用率必須達到最高，故可善用櫃子當作隔間牆，實用兼具美觀。若擔心隔音差，可在櫃體與櫃體中間加一層隔音棉，外面再塞隔音布，阻絕聲音傳遞。但當室內空間有限，不能用背對背的衣櫃設計時，可將櫃子左右並排做成隔音牆，同樣能維持收納機能。

圖片提供 _ 巧軒空間設計有限公司

想做櫃子收納卻又不希望吃掉空間，運用櫃體代替磚牆或木板隔間，不僅解決收納問題，還能大幅提升空間利用率。

家中格局若沒有造成不便，不動格局省最多

　　家中格局能不動最好，若要大興土木變更格局，荷包可是省不了。因此，在選購房型時，除了附近生活機能、防火巷距離能否容納消防車進入外，其他像是屋內的採光通風、室內動線、家庭成員的需求也必須全盤考量進去，才能在不動格局下，進行基礎工程，否則2房變3房、1衛變2衛，將會多出泥作費用，容易超出預算。

　　若是老屋的採光、通風不良，不得已要變動格局，則要視其既有格局的優點做室內切割，尤其牆壁分為承重牆與結構牆，前者是房子的脊梁，不能變動；後者則是承受荷載和防震的牆體，防止結構面的剪切強度被破壞，所以拆除牆面前，必須先請結構技師評估，以免造成危險。

圖片提供＿巧軒空間設計有限公司

若因通風與採光不良而大動格局，不僅容易超出預算，且拆除牆面也有安全性的疑慮，故應在選房時留意，儘量維持原有格局是最好的。

在不更動老屋格局的前提下,可運用暖色系木紋、深色鐵件及烤漆玻璃等素材,打造出充滿休閒氛圍的溫馨之家。

運用軟裝佈置，勝過冰冷高貴建材

　　早期的居家裝潢盡可能做實做滿，但現今傾向不須達到滿分，以時下流行的北歐風、工業風來說，都強調預留一些空間用軟裝佈置，非但能節省費用，還能營造獨特的居家風格。這就如同建商打造的樣品屋，裝潢通常只做到60、70分，其餘則是透過藝術品來裝飾，藉此提高視覺效果，吸引民眾購屋。

　　最常看到的就是在客廳掛畫，在陽台上安裝具質感的窗簾，抑或在茶几、角落放置植栽，皆能創造室內舒適放鬆的氛圍；而櫃子雖然好運用，但也不須填滿整個空間，選擇幾面牆施作層板搭配，放上精緻藝品，即能成為一面簡單的展示牆。而威尼斯鏡也非常適合當成藝術品來擺設，舉凡鄉村風、英式古典、巴洛克、北歐風的居家設計都能混搭點綴，其優雅奢華的鏡框，常成為室內一大亮點。

圖片提供＿巧觀空間設計有限公司

書櫃不一定要塞滿書籍，適時擺放植栽、藝術品，甚至是相框、高腳杯等，都能點綴空間，瞬間提升居家質感。

以低彩度、同色系為主的軟件、畫作裝飾客廳，在視覺上有減壓的功能，讓屋主回家後能享受放鬆的靜謐時光。

原有磁磚不拆， 每坪少花 NT.1,400 元

在重新翻修之前，先評估現有房屋中有哪些可以保留不拆、哪些一定要拆。舉例來說，像是地板，除非有水電翻修的情況，不得已必須拆除，否則可以保留原有地面，避免產生拆除的費用。以拆除磁磚來說，20坪的區域至少需花費NT.28,000～30,000元不等。而老屋的復古地板往往可以成為空間焦點，像是常見的磨石子地板，目前磨石子的工法已較少師傅可以施作，相當稀有，不妨予以保留，質樸的表面能為空間注入復古風情。

磁磚拆除後，除了拆除的工錢，不可避免的還是之後的工程費用，拆除見底是將磁磚拆到見紅磚，後續須再重新施作防水層和填補水泥砂漿；而去皮則是僅將磁磚拆除重貼或整平，但都得另外花費。除了因潮濕或熱脹冷縮，或是陳舊老化到影響防水，並不是非拆不可；磁磚地板可以平鋪木地板，素色的衛浴或廚房磁磚可以考慮保留，用其他設備和裝飾改善視覺效果，都是較實惠的選項。

攝影＿Amily

沿用舊有地面，復古花色不僅能成為空間焦點，也能避免無謂的拆除費用。

攝影 _Yvonne

若地面狀況良好，無磁磚拱起問題或傾斜，可直接鋪設木地板，避免拆除。

Plus

採購建材前的 5 大考量

1. 家庭成員

首要考量的當然是居住其中的人,家中若有老人或行動不便者,大理石或拋光石英磚這類光滑材質就不適合;若家中有小孩或寵物,木地板則容易被破壞,還有鐵件這種容易對孩子造成傷害的材質,最好避免使用。

2. 空間特性

每一種材質都有其優缺點,像是潮濕的環境或廚房、浴室等,就不適用木地板及壁紙等怕潮的材質,所以在選擇材質時也要考量到空間特性。

3. 預算高低

材質的預算落差很大,以地板為例,材質珍貴的大理石一坪可以到上萬元,便宜的PVC地板只要幾千元,就算是同一種材質,價格也有差距,所以當預算有問題時,調整材質尋找替代建材是很好的解決方案。

4. 空間風格

空間風格營造是否成功,常決定於材質的選擇,若空間風格走向是鄉村、峇里島或地中海,就要選擇溫馨、樸質、自然質感的材質,過於冰冷的大理石就不適合了。

5. 施工長短

每一種材質所需的施工期不同,以地板為例,石材或磁磚類材質,要先將地面不平整處進行粉光,所需時間最少也要一週以上,若有完工時間壓力者,要連施工時間一起考慮進去。

若要購買石材或磁磚類材質,必須先將施工期長短考慮進去。

攝影／Yvonne

決定選擇設計師、
選擇廠商，
還是自己發包呢？——

掌握裝修通則，聰明花費打造理想宅，如何把錢花得妙、效果好且功能佳？選擇對的人進行室內裝修工程，不但可以獲得品質保障，同時也不會因為對方不懂法規而多花冤枉錢。而合法的裝潢設計公司、廠商、師傅至少應該要有「建築物室內裝修業登記證」以及「建築物室內裝修專業技術人員登記證」兩種證書，才可替客戶進行室內裝修工程。從找對人到完工成果，懂得聰明花費，才能做出讓親友都稱讚的舒適宅。

CHOICE

選擇設計師 X 注意事項

　　屋況的好壞影響到空間規劃及工程進行的複雜度，若以新成屋來說，格局符合需求，就不需要大動土木或更換水電管路，且預算有限、自己有興趣、有時間的話，可選擇自己裝修。但裝修畢竟需要時間及專業知識，若時間實在無法配合，或是不具備空間裝修的專業知識，找設計師也能有事半功倍的成果，但設計師在收費上從「純做空間設計出圖」至「監工、施工全包」都有，所以在整體價格花費會相較於自己發包高出許多。

 適合選擇設計師的條件

01 沒有自由時間的上班族

　　裝修是非常花時間的，在還沒裝修前得先蒐集資料（包含設計、監工及價格等）並做好功課，一旦工程開始進行，幾乎天天都得到工地監工，還得到處去找建材及採買傢具等。若你是朝九晚五有固定上班時間的上班族，找設計師就是個好選擇。

02 沒有裝修經驗

　　裝修其實是很專業的工作，如果工班看不懂你所畫的圖會很難精準施工，更不要說平面配置的能力，如果自己不具備裝修專業又沒時間了解，建議找設計師比較保險。

圖片提供_好冶設計

如果自己不具備裝修專業又沒時間了解，建議找設計師比較保險。

03 喜歡特定的風格

對於風格有特殊喜好者，尤其是古典風格的偏好者，相較於現代風格，古典風格有其固定的語彙及元素，更重要是比例的掌握，稍一不慎很容易「畫虎不成反類犬」。

04 坪數太小或特殊建物

特殊建物是指挑高空間，因為不屬於建築原始結構，需要做專業的結構計算及規劃；另外，坪數太小的房子，因為空間小更要懂得創造出坪效，若沒有具備相當的專業能力，會很難掌握空間的利用。

05 室內格局怪異

並不是所有建物都一定是方方正正，例如多角形、倒三角形、不規則形等奇怪格局，這種房子不是一般人能應付的，最好還是找設計師規劃格局。

尋找設計師的管道

01 親友或同事推薦

　　跟周遭親友及同事打探一下，看有誰最近幾年裝修過房子，且預算符合自己的需求，請他們推薦，並到他家去看看。老屋裝修建議把預算花在公共空間配置，設計師能藉由色彩、材質以及現成軟裝傢具的搭配，以及收納機能的建議來達到低預算裝修。

圖片提供＿樂活輕裝修

設計師能藉由色彩、材質以及現成軟裝傢具的搭配，以及收納機能的建議來達到低預算裝修。

圖片提供 _ 樂活輕裝修

有些設計師會提供付費的現場諮詢，從模擬動線、確立居家風格等指導生活細節，讓消費者能參與設計自己的夢想家。

02 採局部裝修的配合方式

在有限的預算及時間內，了解室內設計師的規劃強項後，可以採局部裝修的配合方式。通常在裝修類雜誌或網路等管道都可以看到設計師的作品，以及相關個案，有些設計師的部落格，還有每個案子的心情故事及設計理念。

03 興起創新裝修服務流程

有些設計師會提供付費的現場諮詢，從模擬動線、確立居家風格等指導生活細節，讓消費者能參與設計自己的夢想家，並鼓勵自己發包，款項不用經過設計師，也不一定由設計師介紹工班、廠商，能讓報價更透明，在預算分配上更明確。

服務範圍及計價方式

設計師的收費方式與工作內容，依設計師與屋主合作的方式而有不同的收費方式，一般設計師與屋主的合作依據工作內容共分有 3 種類型，包含設計費、工程費與監工費。另外，還分成純做空間設計、設計連同監工、從設計、監工到施工，這3 種合作模式。

類型	收費方式	備註
類型 1. 設計費	以坪數計算，一坪從 NT.4,000 ～ NT.20,000 元 都 有。 以 一 式 來 算，不管坪數大小，費用 從 NT.30,000 ～ 100,000 元。 依 裝 修 總 金 額 來 計 算，約 10% ～ 20%。	價格高低與設計師知名度有關，以及設計圖的經驗年份長短有關，當然知名度越高，技術價值越豐富，收費就會越高！若工程也是委由設計師發包執行，有些設計師會將設計費打折，折扣不一定，從 5 折到 8 折都有。
類型 2. 工程費	依實際施作的工種及數量去計算。	由於每個設計師找的工班不同，師傅強項技術也不同，有些木作會比較貴，有些則是泥作較高，很難做單項的比較，最重要的是總金額是否符合屋主的預算，還有呈現的工程品質是否符合價值。

類型	收費方式	備註
類型 3. 監工費	一般監工費用大約占工程總金額的 0.5〜1 成。有些設計師會將設計費與工程費合併收取，每個人的計費方式不同。	委由設計師在工程施作期間代為監看工程進行所必須支付的費用，若工程有問題也全由設計師負責解決。

純做空間設計

　　通常只收設計費，在決定平面圖後，就開始簽約付費，多半分 2 次付清，設計師必須要提供屋主所有的圖，包含平面圖、立面圖及各項工程的施工圖，如水電管路圖、天花板圖、櫃體細部圖、地坪圖、空調圖等，數量超過數十張以上。設計師有義務幫屋主跟工程公司或工班解釋圖面，若所畫的圖無法施工，也要協助修改解決。

設計連同監工

　　不只是空間設計還必須幫屋主監工，所以設計師除了要提供上述的設計圖及解說圖外，還必須負責監工，定時跟屋主回報工程施作狀況（回報時間由雙方議定），並解決施工過程中的所有問題，付費方式多分為 2 ～ 3 次付清。

攝影＿李志紋

從設計、監工到施工一手包辦，是一般設計師較喜歡也較常接的案型。

從設計、監工到施工

　　這是一般設計師較喜歡也較常接的案型，就是從設計、監工到施工一手包辦，因為裝修出來的空間最能符合設計，而且施工的工班常與設計師合作，也較了解設計師的設計手法與施工。付費方式簽約付第一次費用，施工後再依工程進度收款，最後會留 10 ～ 15％的尾款至驗收完成後付款。

設計師的服務流程圖

現場勘查、丈量

▼

平面規劃及預算評估

▼

簽定設計合約

▼

設計並確認工程內容及細節，進行施工圖

▼

工程估價 (含數量、材料、工法)

▼

簽定工程合約

▼

訂定施工日期及時程

▼

工程施工及監工

▼

驗收

▼

維修及保固

一坪 5.7 萬元

減少裝飾造型，把錢花在管線、鋁門窗更新，改善漏水壁癌體質

文 _ 陳淑萍　空間設計暨圖片提供 _ 好冶設計

Before

由於預算有限，加上改造的是 40 多年的老屋，因此更要把錢花在刀口上，好好處理基礎工程，去除壁癌後將陽台重新整頓並施作防水，舊鋁門窗也全面更新重製。依循媽媽的生活需求與移動行走模式，以深色塗料與磨石子系統板材，打造出深框淺景、實用與美形兼具的空間。

這間 48 年的老屋，是 Joanna 的爸媽當初結婚時所購入，經過歲月洗禮外觀已老舊不堪，加上收納不足、動線不佳，對逐漸年邁、腿骨稍微退化的媽媽而言，居住起來也越來越不便。但老房子雖然陳舊，卻是「家」的起始，乘載著全家人共同的生活記憶，有著熟悉與割捨不下的情感，因此決定透過設計師之手讓老屋改造蛻變。

改造老屋，首先第一步是將漏水壁癌的問題改善，施作了陽台、外牆的防水工程並更換窗戶，全室的電線、冷熱水管管線等也全面更新，這些基礎工程會花費一定的預算比例，從外觀上不一定看得出成果，但卻能讓房子的體質更健康、住起來更安心，也避免未來因漏水損壞屋況或室內建材。

費用緊縮也能達到高級質感

扣除基礎工程後的裝修預算有限，因此設計師透過色彩的調配，在費用緊縮的狀態下也能達到令人耳目一新的感受。低彩度基調裡，中性灰與奶茶灰的水泥漆壁面、磨石子紋理的灰色造型板材，搭配潑墨雲彩般的深灰磁磚為襯底，各種不同材質、不同色階層次的灰，交織出沉穩和諧的空間氣息，深色壁面與及腰高度的圓弧曲線，則是隱含了對媽媽的溫柔體貼，讓行走較為不便的老人家可以順手攙扶又不必擔心牆壁會髒掉。

為了不讓局部的灰框，帶來沉重凝滯感，運用木紋在空間中注入一股質樸溫暖，染深橡木打造局部櫃體及臥房門片的連續立面，搭配明亮暖黃的木地板，冷暖平衡協調，視覺感也更為放大。哥哥一家來訪或親友聚會時，老家成為最好的團聚空間，「我回來了！」回家重聚變成一種期待，也讓記憶中熟悉的家再度成為情感的依歸。

省錢裝潢 TIPS ＋
磨石子系統板材
節省預算＋易清理

目前老家只有 Joanna 與媽媽兩人居住，捨棄大型沙發改採方便挪移的單椅與圓桌，在沒有過多的傢具擺件下，運用白灰與木擘劃出簡單俐落線條。背牆的設計則特別挑選磨石子系統板材來取代工序較繁雜的傳統磨石子，施工更快速之外，價位上也更符合預算，未來清理也容易。

省錢裝潢 TIPS

拍塗式上漆，讓平價水泥漆打造出高級質感

電視主牆灰色水泥漆面採用拍塗式的上漆手法，使表面產生顆粒狀的霧面感，像是特殊塗料或珪藻土的凹凸表面肌理，即便是平價建材也能為空間創造高級質感。搭配潑墨磁磚地坪，運用色彩形塑出一個空間框架，使視覺景深延續拉長。轉角則懸吊了白色鞋櫃，是入門回家後沉澱身心的玄關角落。

$ 省錢裝潢 TIPS +

**局部金屬收邊點綴，
畫龍點睛**

白色樑柱、白色三格抽電視懸吊櫃，在灰色延伸的背景之下，直橫交織、對比鮮明，成為亮眼裝飾量體。天花灰白分界中，以黑毛絲鍍鈦金屬做出細微收邊，就算是低預算裝修，也能藉由小地方的精緻度強化，為整體帶來畫龍眼睛效果。

$ 省錢裝潢 TIPS +

**多功整合，讓預算 CP 值達
到最高**

餐廳擺放輕巧傢具，方便空間機能運用的轉化或改變。半高立體曲線腰牆，以耐髒好清理的磨石子系統板材打造，成為媽媽行走時的輔助扶手，圓弧收尾除了順手不卡卡之外，也柔化了整體空間線條感。內部隱藏燈帶則作為照明補助，在夜裡為家人點亮燈光引導。將扶手、燈光、防髒等功能整合為一，複合機能除了提升坪效，也能使預算 CP 值發揮極致。

$ 省錢裝潢 TIPS+

不做上櫃改用層板,省預算也更符合實際收納需求

俐落個性的黑鐵件拉門內嵌格子壓花玻璃,兼具引光與彈性隔間機能。廚房的底色牆與櫥櫃門片為奶茶灰,中央牆體則是延伸地板相同的潑墨磁磚。櫥櫃捨棄上櫃改用層架替代,可以節省部分製作廚具櫃體的預算,不做滿櫃體讓廚房視覺保持輕鬆無壓迫,也更符合母女兩人實際生活的收納量需求。

$ 省錢裝潢 TIPS+

透過加法與減法提升實用度並省下經費

主臥延續公共區域的深色調,中央牆面透過墨綠色彩搭配布紋床頭板,運用「加設」床頭板供安排配置電線,同時拉提空間層次感,又能節省鑿牆走線的施工費用。收納衣櫃靠床頭處,則透過「減法」使局部櫃體不裝設門片,改採鏤空開放格子形式,方便隨手置放小物或睡前讀物。

Data | **格局：** 3 房 2 廳 1 衛／ **房齡：** 48 年／ **坪數：** 25 坪

Before

工程總花費

拆除工程 **6.9%**　鋁門窗工程 **7.6%**

廚具工程 **6.2%**

設計費 **6.2%**

油漆工程 **5.5%**

雜項工程 **5.5%**

水電衛浴燈具工程 **16**%

防水泥作工程 **17**%

木作系統工程 **26.5**%

 屋主現身說法

我們的家是非常舊式的公寓，裝潢過時又有漏水壁癌問題，原先打算搬家換新房，但當看過新屋建案後發現標榜 30 坪的房子實際上只有不到 20 坪可使用，雖然目前與媽媽共兩人同住而已，但不想空間如此侷促限縮，且考量媽媽習慣了老家與長久以來的生活圈，因此很快地便打消換屋念頭。

開始決定裝修之後除了搜尋相關資料，也從網路、朋友介紹中接觸了幾位設計師，最後皆因為預算與設計風格卡關，一直未尋覓到合拍人選。直到有次拜訪朋友家，發現朋友家社區大樓的電梯在整修過後呈現截然不同的空間感，親眼見證 Before 與 After 之間有如脫胎換骨般的變化，便積極聯繫上好冶設計。經過幾次洽談，與設計師討論我們對於居住空間的需求與期待，包括希望空間能回歸簡單紓壓、中性不複雜，老屋的漏水壁癌體質能改善，過於老舊的廁所、廚房、前後陽台以及收納等等能重新規劃。設計師提供了足夠的資訊與 2D、3D 圖面，讓我們對於家有更清晰具體的輪廓想像，接下來便是交付專業，耐心等待老屋改造後的重生面貌！

COST

拆除工程	NT.100,000 元
防水泥作工程	NT.250,000 元
水電衛浴燈具工程	NT.230,000 元
木作系統工程	NT.380,00 元
油漆工程	NT.80,000 元
雜項工程	NT.100,000 元

（雜項工程包含：木地板 / 玻璃 / 玄關門）

鋁門窗工程	NT.110,000 元
廚具工程	NT.90,000 元
設計費	NT.90,000 元

工程總花費　NT.143 萬元

選擇廠商 X 注意事項

　　裝潢過程中木作工程占了極大的比例,但因著環保意識與居家環境的健康,且講求快速裝潢的要求下,系統傢具便成了另一種居家裝潢選擇。但由於尺寸制式化,因此大眾的刻板印象不外乎為單調、設計感不足,而其實隨時技術的演進,系統傢具藉由板材的樣式增加,以及額外加工的方式,在外型上也多了更多選擇與變化,且巧妙與空間搭配下,還能成為節省預算的好方式。

 適合選擇廠商的條件

01 是否有入住時間壓力

　　由於木作之後還要等待油漆味道與甲醛散逸揮發,通常完工後還要等待兩個月才能搬進去住,如果有人住時間壓力的話,建議使用系統傢具裝修。

02 日後是否有搬家考量

　　裝潢的木作往往是釘死的,且是搬家時無法帶走的,如果日後有搬家考量,系統傢具有可拆解搬移的優點,並且可以針對新環境進行合尺寸修改,修改櫃子速度快,通常半天就能完成。

文具用品（便條、只比、電話本）

珍藏擺飾、相片

報章雜誌（沙發邊櫃）

圖片提供 _ 小寶優居

部分廠商會透過透視圖，輔助屋主可以想像未來的空間模樣，會比較有概念，圖中明確標示出來每個櫃體的收納機能，讓屋主準確了解櫃體的規劃配置，如果有疑問都可以再溝通討論，進行調整。

多家比較、留意系統傢具廠商個別差異

01 大眾品牌

　　品牌成立多年且有高知名度，門市據點多且廣，對系統傢俱有需求的消費者，可以先到門市參觀、諮詢以及了解市場行情，這類廠商除了提供系統傢具服務外，部分也有自營工廠，以確保產品品質，另提供空間規劃的服務，讓消費者能同時解決裝修上的大小問題。而在板材、五金品牌大多為固定合作品牌，因此比較沒有更換品牌的選項。

02 系統傢具設計師

　　有別於大眾品牌，定位在系統傢具設計的廠商，擁有室內設計相關背景，這類廠商除了提供系統傢具設計服務，也會結合專業木工團隊共同規劃，讓系統櫃與木作造型做完美配合。這類廠商未必全數擁有自營工廠，很可能產品的處理是跟其他工廠合作，所以在品質上必須依賴廠商本身做嚴格把關。

03 工廠直營

　　工廠直營的系統傢具廠商，目前有兩種形式，一種為獨立接案，另一種則是與設計公司配合。獨立接案沒有店面，多以網路作為宣傳廣告，有興趣的消費者可以自行聯絡並了解後續相關設計流程；與設計公司配合則是會將所需的系統傢具繪製成設計圖後，再交由工廠進行後續的下料、組裝等服務。因沒有正式門市成立，所以在後續保固服務時需要特別留心。

圖片提供_小寶優居

部分廠商除了提供系統傢具設計服務，還能協助業主做空間規劃。

系統傢具廠商的計價方式及內容

　　系統傢具的費用大致是由板材、門片、五金等構成,會依選擇的款式、等級,連帶影響總價高低;因此想利用系統傢具做裝潢,首先要了解相關材料的價格,搞懂貴與便宜的差異,而在材料預算比列建議規劃為板材(40%)、五金(20%)、門片(30%)、特殊零件(10%),此部分都可以與系統傢具廠商溝通討論。

類型	收費方式	備註
類型 1. 大眾品牌	系統傢具所需的材料費用(包含板材、五金配件、門片等),設計費用(繪製設計圖等)、運送費用(搬運相關材料等)、到府安組裝費用等。(費用類別依各家廠商有所不同,有的甚至免費,諮詢時可問清楚。)	通常高櫃一尺大約 NT.5,600 ～ 6,000 元,矮櫃一尺大約 NT.2,500 ～ 3,500 元,倘若要選擇比較特殊的門片或板材,則另以差價計算;針對櫃內,標準衣櫃分為上下兩桿,選擇安裝抽屜(每個約 NT.2,000 ～ 3,000 元不等)與特殊緩衝五金、拉籃等,依照選用數量加價。
類型 2. 系統傢具設計師	系統傢具所需的材料費用(包含板材、五金配件、門片等),設計費用(繪製設計圖等)、系統傢具運送費用(搬運相關材料等)、到府安組裝費用等。	詢問清楚使用的材質和五金材料品質,這些都會影響報價。
類型 3. 工廠直營	系統傢具所需的材料費用(包含板材、五金配件、門片等),設計費用(繪製設計圖等)、系統傢具運送費用(搬運相關材料等)、到府安組裝費用等。	建議找能簽約的廠商為佳,有合約為規範,比較有保障。

用系統傢具裝修必須要注意的事項

項目	注意事項
門窗尺寸	受限於系統板的尺寸，門窗高度必須在 220 ～ 250 公分之內才能使用系統板來處理。用系統板來取代門片，最主要考量是板材重量與五金的關係。如果是單純用鉸鏈開關的話，建議門片寬度不要超過 60 公分，倘若尺寸要更大的話，則建議採用吊軌式滑門，以免鉸鏈支撐力與強度不足，日後容易有變形問題。
樑尺寸、柱體	使用系統板來修飾空間，在樑柱的銜接之處，仍然必須現場丈量與裁切。主要是因為牆柱結構本身不見得 90 度垂直，水平也可能不平整，當櫃子與牆體無法吻合而產生縫隙的時候，就必須靠現場裁切補板來修飾。
水電配置	系統櫃與電器櫃結合的時候，建議多拉幾條專用迴路，預留給音響或是家電使用，尤其是在吃電量重的廚房電器櫃，舉凡會使用到烤箱、微波爐、蒸烤爐、水波爐等設備，都必須要安設專用迴路才比較安全，倘若屋主考慮使用進口家電，則必須配置 220 電壓插座。
櫃體配置	書櫃要特別注意承重問題，跨距最好不要超過 60 公分，以免櫃體久用產生變形。另外，浴櫃則必須使用抗潮的發泡板材質。櫃體的踢腳板除了具有支撐效果，設計上可以考慮與插座結合，以便家電隨插即用，不必再用延長線。
系統櫃施工圖	檢查系統櫃的施工圖時，建議 3D 圖面配合下料圖一起看，如果要自己監工的話，務必請設計師將每個細節標示清楚。

系統傢具廠商的服務流程圖

門市參觀／初步溝通

▼

丈量服務

▼

設計討論

▼

規劃報價／簽定合約

▼

確認細節修改與圖面調整

▼

進行最後確認

▼

丟單給工廠開始製作

▼

出品／施作安裝

▼

完工驗收

一坪 5 萬元

中古屋完善基礎裝修，
用傢具和櫃體妝點空間

文 _ 蔡婷如　空間設計暨圖片提供 _ 小寶優居

Before

因為是中古屋，重做水電和壁面粉刷是不可避免的，屋主想沿用舊格局的隔間，所以不做更動，但調整了水電配置，像電視牆的孔位從左邊移到右邊，好讓櫃體組裝時，未來電視的電線可以順勢隱藏起來，視覺比較美觀。

這個案子的屋主需求明確，要做一間媽媽未來年老時適合居住的舒適宅，加上一家人感情很好，時常會回家相聚，空間規劃朝向多人居住的便利性為考量。

雖然傢具規劃師最主要的工作是協助客人配置傢具跟收納櫃，但空間規劃要有整體性，裝修其實是很重要的打底，所以也會協助客人做好房屋的基礎裝修。從一開始門市溝通洽詢，簽約後丈量，接著跟屋主更深入溝通後才進行設計，最後繪製平面圖、VR 模擬圖跟 3D 圖，如此一來，才能設計出符合屋主期待的空間。

舊格局動的愈少愈省錢

原本的客廳很空曠，地板和鐵窗都是原屋主留下的，但因為保留很完整，不須做太多修復動作，裝修時只有重鋪地板、粉刷壁面和換掉鐵窗，讓空間變得煥然一新。此外，收納規劃也是屋主的必要需求，因為一家人時常相聚，於是在玄關處規劃簡易衣帽櫃，可以掛外套和包包。電視牆面也結合收納櫃體，搭配屋主要求的幾何圖案跟顏色，讓視覺變美觀，櫃體中央規劃一處凹槽，原本是擺放電話和便條紙位置，後來撤掉電話的配置，但沿用了這個設計，讓櫃體設計感比較活潑。

房間因為較狹小，衣櫃都使用滑門節省空間，再以吊桿搭配少數格狀櫃體，方便收納衣服及小物，滿足屋主對收納的需求。除了實用性功能之外，利用壁面粉刷的顏色跟圖樣平添美觀，不但節省裝修預算，也讓屋主與家人相聚時光更顯歡樂，成為情感凝聚的場域。

💲 省錢裝潢 TIPS ➕

系統櫃取代木作，省錢且完工快速

屋主希望空間內的收納機能充足，規劃時讓收納櫃占據整個牆面，而且結合電視牆，整體視覺顯得一致。電視櫃下方做開放式櫃體，適合擺放影音設備和小物，右方櫃體則以門片來遮蔽，空間視覺上較乾淨。捨棄木作改以系統櫃替代，不但花費金額較少，而且系統櫃一天就能完工。

💲 **省錢裝潢 TIPS ⁺**

調整空間，不一定要花大錢

空間裡的餐廳，其實格局沒有任何改變，只是調整了壁面顏色，將舊有窗戶換成新的鋁窗，搭配半透光深色捲簾和木色餐桌，就營造了空間安寧氣息，大大提升用餐氣氛。

💲 **省錢裝潢 TIPS ⁺**

老屋狀況愈好，愈不需要花大錢修復

改裝前的餐廳很樸素，但對重新翻修的房子來說，空間樸素反而是好事，代表需要拆除或修正的地方愈少，省去一筆改裝費用，也讓空間改造相對容易很多，尤其是以實用性設計為主的居家。

**花小錢,就能利用壁面
和地板提升美感**

翻修後的客廳,格局不變,但因為簡易基礎裝修改變了視覺感,小寶
優居的傢具規劃師也推薦了屋主壁面和地板的顏色,加上造型櫃體增
添設計感,不需要花費太多金錢,就讓空間擁有嶄新面貌。

外出物品放置(購物袋、很重的戰利品)

雨具、長靴、外套

室內拖鞋(鞋櫃懸空處下方)

外出鞋

**事前溝通好,
省去日後調整增加開銷**

透視圖的好處,讓屋主可以
想像空間完工後的樣子,以
及空間機能分配。大多數人
一生中實際裝修空間的次數
不多,對空間改造前後的想
像力稍微欠缺,透視圖正好
補足了這一塊,再透過文字
描述,加深對空間規劃的想
像。

$ 省錢裝潢 TIPS +

系統櫃花費較木作便宜，五金選擇性也高

規劃衣櫃時，通常以吊桿為主，可以懸掛衣服同時方便收納，也會規劃格狀收納櫃，適合收納小件衣物。找專門做系統櫃的廠商，少了現場施工的人力費用，加上傳統木作可能都用師傅習慣五金配件，但系統櫃的五金可挑選樣式較多，建議挑選品質較好的，延長使用年限。

$ 省錢裝潢 TIPS +

以油漆取代磁磚裝飾立面

以油漆取代磁磚裝飾立面，不僅節省成本，還能透過牆上的幾何圖形轉移對樑柱的關注度。靠窗的壁面釘掛木色系收納櫃，透過木色的溫潤和不規則擺放的櫃體，活化壁面視覺感。

裝修費用支出總整理

Data ｜ **格局**：3 房 2 廳 1 衛／ **房齡**：13 年／**坪數**：30 坪

Before

工程總花費

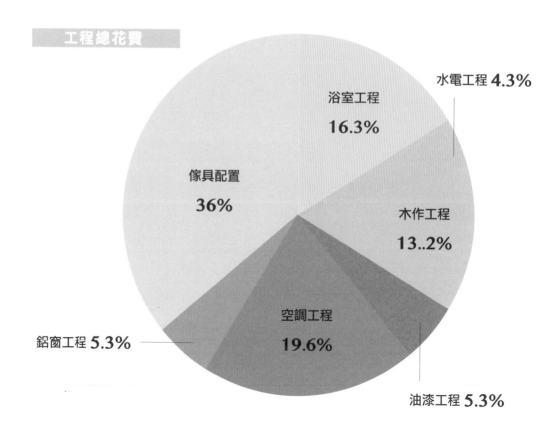

浴室工程 **16.3%**

水電工程 **4.3%**

傢具配置 **36%**

木作工程 **13..2%**

鋁窗工程 **5.3%**

空調工程 **19.6%**

油漆工程 **5.3%**

After

 屋主現身説法

一開始有考慮找室內設計師，但考量到家中人口比較多，空間規劃會著重在收納機能，所以後來看網路不少人推薦，於是找上小寶優居。雖然只有系統櫃和傢具是跟他們購買，但小寶優居會提供基礎的家居設計服務，對於沒有太多裝修經驗的人來說，真的很實在。

比如幫我們畫好施工平面圖，也有配合的裝修團隊供參考。雖然那時候部分施工的師傅是我們自己找人來做，但因為有他們提供的平面圖，跟師傅溝通方便許多，裝修過程很順利。

因為老屋翻修只有做基礎規劃，像是重拉水電，重鋪地板和粉刷壁面，空間著重在系統櫃配置和傢具搭配，小寶優居提供很專業的 VR 模擬圖、3D 圖和平面圖，讓不專業的我們能想像空間完工後的樣貌。除了實用面，也會協助美化空間，像是建議窗簾的花色或地板材質。

COST

浴室工程	NT.248,570 元
水電工程	NT.65,570 元
木作工程	NT.201,300 元
油漆工程	NT.80,825 元
空調工程	NT.298,900 元
鋁窗工程	NT.80,825 元
傢具配置	NT.549,000 元
工程總花費	NT.**152.5** 萬元

選擇自己發包 X 注意事項

　　裝修房子究竟要委託設計公司還是自己發包？若你稍具美感、稍有時間且預算有限，那麼可以考慮自己找工班發包，只要掌握流程及預算，發包可以省下很多不必要的費用。以下整理自行發包工班及裝修工程的必備要點，讓你第一次找工班發包就上手！

 適合選擇自己發包的條件

01 會不會規劃平面圖

　　平面規劃能力不只是指有沒有畫圖的能力，還包含你有沒有空間配置的觀念，例如客廳面寬(房屋東西牆面之間的寬度尺寸)最少要 4 公尺以上，還有尺寸的概念如抽屜的深度等，工班施作是按照你給的圖面，不要認為差 1 公分沒什麼，差 1 公分可能連抽屜都拉不出來了，懂得平面圖及工程施作圖，會讓你更方便與工班溝通。

02 是否了解施工難易度

　　施工的難易度也是重要的考量，一般性的工程像是粉刷、鋪地磚等，多數工班都可做得到；但若是特殊的施工，像是圓弧形的書櫃或是異材質的結合，多數工班不是做不到，而是他們怕麻煩，多半都會要求你改設計，或是假裝自己不會做。所以若要自己裝修，施工內容最好不要太過複雜，省得不懂施工技巧又和工班溝通不良，反而花錢找罪受。

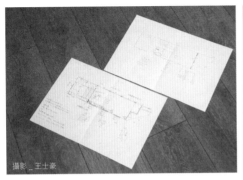

攝影_王士豪　　攝影_李依紋

（左）平面規劃能力不只是指有沒有畫圖的能力，還包含是否有空間配置的觀念。（右）若要自己裝修，施工內容最好不要太過複雜，省得不懂施工技巧又和工班溝通不良，反而花錢找罪受。

03 有沒有發包工程的能力

　　裝修工程牽涉的工種相當複雜，而且每一個工程的銜接都有其順序，若弄錯順序不但可能造成工程失誤，還會多花冤枉錢，而且每項工程的施工方法不同，有時工人做錯也沒辦法辨識。當然不是要求每位屋主要像設計師一樣專業，但要有基本概念，最好是有可信任的工班可以協助，也可參考坊間目前的監工書籍。

04 有沒有可自由運用的時間

　　裝修項目非常繁瑣，小到一根把手都可能要自己去張羅，更不要說監工、驗收等大事。挑建材及監工都很花時間，建材也許可以等下班或假日再去挑，但監工就得天天看，工人上下班的時間跟上班族差不多，你下班、他也下班，很多事無法當面說清楚就容易有紛爭，需要花的時間成本不少，所以最好要有可以自由運用的時間。

05 是否清楚掌握裝潢工程流程

　　裝潢工程有一定的作業流程，若不了解則會造成施工的困難，或是拆掉、修改等不必要的浪費。一般而言，「先破壞後建設」是最大的原則，從敲牆、清除舊有不需要的東西等工程開始，再來是水電配管工程，木作、泥作、鋼鋁、空調等工程再搭配進場，最後才是油漆、窗簾等工程，以及置入傢具。可將所有工程和日期全數列出，再標示裝潢工程的流程，如此便可以清楚了解全部狀況與進度，按部就班完成。

 **自己發包注意事項**

選擇適合自己的發包方式

自己發包有兩種方式，一是「點工帶料」，二是「點工不帶料」。現在先來了解一下兩者的差異，再決定適合自己的方式。

01 點工不帶料，品質有保證

直接找包工就是為了省錢，而「點工不帶料」最節省預算，記得「貨比三家不吃虧」的原則，及「以天計資」的包工方式，可以幫你省下低於別人三成的裝潢費用。適合使用工具種類較少的工種，例如油漆工種。

02 連工帶料，省時又省事

「連工帶料」是最常見到的發包模式，優點是在工程繁瑣、材料眾多的情況下，如果不是很熟悉，就會搞得焦頭爛額，若是找到可靠的包工，請他們註明或建議使用何種材料，即可省去繁瑣的事，並兼顧品質的保證重點。適合例如木作、系統傢具、廚具等工種。

確定施工天數

為避免施工的時間太長而造成不必要的困擾，通常是需要與廠商確定工程的天數，並儘量使廠商在確定的天數內完成其既定的工作。而事實上，工程天數是可以壓縮的，一般而言，較有經驗的工頭，常會將不同工種的工班，其施工的日期加以重疊，由於其性質不同且不會互相影響，說不一定還可以互相配合，如此一來，便可以達到最省時省力的效果。

工班的計價方式及內容

　　工班的收費方式與新成屋常會需要的施工工程，依工班與屋主合作的方式而有不同的收費方式，請了解價格上的基本盤，讓手上僅有的錢都能花在刀口。

一般工班計費方式

階級	收費方式
零工	依工程狀況而定（比如打掃） 工錢約為 NT.600 元～ 1,200 元
小工	為學徒等級，參考的工錢約為 NT.1,200 元～ 2,000 元／天
大工	為師傅等級，參考的工錢約為 NT.2,500 元～ 3,000 元／天

註：價格依實際情形有所調整，以上價位僅供參考。

泥作工程計價方式及工時預估

工程項目	收費方式	大約天數	備註
天花地坪拆除	NT.1,800元／坪	以吊車可達高度內，以面積30坪來計算，要花費約1～2天時間。	工資含清運。
屋頂防水（粉光表面）	NT.5,000元／坪	面積30坪的話，約1星期時間。	含打底、洩水坡度。
屋頂防水（磁磚表面）	NT.6,000元／坪	30坪約10天	含打底、洩水坡度。
隔間牆拆除（磚）	NT.2,500元／坪	1～2天	工資含清運。
隔間牆拆除（RC）	NT.3,500元／坪	2坪／天，花費約1～2天時間。	工資含清運。
增加隔間牆（磚）	NT.5,500元／坪	4坪／天	工資含打底粉光。
增加隔間牆（RC）	NT.7,000元／坪	需釘板模後灌漿，依現場狀況。	工資含打底粉光，一般只有外牆才會用RC。
地磚壁磚拼貼	NT.2,800元／坪	5坪／天	工資含清運、保護工程，浴室地磚縫隙處理需加1天。
浴室防水	NT.1,100元／坪	1天	
固定浴缸	NT.6,000元／個	3天	一般標準浴缸底部強化、周圍砌磚並留維修孔（按摩浴缸建議由廠商施作）。

註：價格依實際情形有所調整，以上價位僅供參考。

水電工程計價方式及工時預估

工程項目	工資	連工帶料	備註
電源、電燈出口	NT.300～500元／個	是	特殊開關面板及燈飾另計。
衛浴配件組裝	NT.5,000元／個	否	不含泥作工程及配件。
排水管阻塞疏通	NT.1,500～2,000元	否	
馬桶阻塞疏通	NT.3,000元	否	

註：價格依實際情形有所調整，以上價位僅供參考。

木作工程計價方式及工時預估

工程項目	收費方式	大約天數	備註
高櫃	NT.5,000～8,000元／尺	3天	不含漆與特殊五金（依設計難度天數會增加）。
矮櫃	NT.3,000～6,000元／尺	3天	不含漆與特殊五金，費用與施工天數，依設計難度、施工人數與材質增減。
平面天花板	NT.3,000～3,500元／坪	3～5天	費用與天數依材質、施工人數與坪數增減。
裝飾牆	NT.800～3,000元／尺	3～5天	不含漆，費用與施工天數，依設計難度、施工人數與材質增減。
造型牆	NT.2,000～3,600元／尺	3～5天	不含漆，費用與施工天數，依設計難度、施工人數與材質增減。特殊材質費用另計。
更衣間（不含門片）	NT.3,000～6,000元／尺	3～5天	特殊五金另計，不含漆，費用與施工天數，依設計難度、施工人數與材質增減。
室內門（含門框）	NT.10,000元起／樘	1天	不含上漆。

註：價格依實際情形有所調整，以上價位僅供參考。

油漆工的計價方式與工時預估（不同等級油漆師傅的工資價位）

階級	年資	必備技能	價碼
學徒	未滿3年4個月	拿刷子、調油漆、打磨牆面與木作、補釘洞……；在現場學半年至一年，方能開始學批土。	NT.1,500元／天
半師（中師與小師）	超過3年4個月以上	已出師的師傅，應具備正確估價的能力。	NT.2,000～2,800元／天（視年資而定。）通常為NT.2,500元／天。
大師傅（大師）	約30～40年	得精通各種塗裝油漆的技術，是教導師傅技術的老師。有一定行情。	通常為工班老闆，其薪資必須視施作的複雜程度計算。

註：價格依實際情形有所調整，以上價位僅供參考。

油漆批土批得愈多次，工錢愈貴

案型	價位	細分等級	批土
多為豪宅、別墅的裝潢案	NT.1,200～2,500元／坪	次數越多，等級越高	至少8次
設計裝潢案	NT.1,000～2,000元／坪	次數越多，等級越高	批7次
一般住家	重新粉刷 NT.500元／坪以下	NT.300元／坪，完全不批土；NT.350～450元／坪，只批局部；NT.500～800元／坪，指全批	批1～2次

註：價格依實際情形有所調整，以上價位僅供參考。

工班的服務流程圖

請工班至現場勘驗或丈量

▼

將設計好的圖面或相關照片，和工班討論作法及可行性

▼

將確認後的圖片或圖片附加尺寸交給工班估價

▼

檢視報價單的單價數量做，進行比價

▼

找廠商比價時，要求對方註明品名、作法、材料、數量、單價、總價

▼

檢視報價單內容是否清楚

▼

如有不清楚的地方，要求補足，如數量、單價、品牌等

▼

選擇發包對象，決定要統包還是個別發包

▼

簽定合約或在正式詳細的估價單上雙方簽章

▼

排出裝潢時間表，可請教工班施工順序

▼

施工

▼

照圖面、圖片及估價單會同工班逐項驗收

一坪 3 萬元

估工算料自己發包，省去監工與設計費

文 _ 陳頤如　空間設計 _ 李依紋　攝影 _ 李依紋、王士豪

攝影 _ 王士豪

Before

攝影 _ 李依紋

屋主一家四口對於家的需求都有各自的想望，大致上以改造 1 樓廚房並破除直通廁所的格局，建構 2、3 樓分離式浴廁、主臥更衣間，更換整棟透天厝的老舊管線、窗、框、門等，同時打造出符合居住需求的臥房。

這棟位於台中的 3 層樓透天厝，是 Kart 一家人生活的傳統長形屋，斑駁的洗石子牆面和鐵皮屋頂，不難看出經過時間的洗禮，需要大幅度整修。

由於預算限制無法大動格局，但必要的更動還是要進行。1 樓前半部是 Kart 的爸爸所經營的零售商店，後半部則是廚房、浴室與雜物間。典型老式四方白磚所砌成的洗手檯上放置瓦斯爐，再設置抽風管線，即成為媽媽炒菜烹飪的廚房，一旁卻直通廁所入口，如此不便的格局造成家人困擾許久，趁這次改造老屋調整廁所出入口，讓媽媽煮菜時，不再聞到異味。樓梯扶手已經老化不堪使用，牆面與樓梯踏面必須更新，到了夜裡光線不足，上下樓梯相當不安全，燈光的增設也是重點。2 樓的客廳是媽媽平時放鬆休憩之處，和室則像是閒置空間，鮮少使用，還要調整 2、3 樓的臥房與浴廁，真是一項大工程。

拆解各項工程，力求精省費用

Kart 的爸媽希望將預算控制在 NT.200 萬元左右，不論是請設計師或請廠商設計都會超出預算，於是與身為建設公司設計主任的 Kart 的表姊——李依紋商量，是否能在預算內完成自家老屋的改造計畫，她幾經思量後接下這個重責大任。

李依紋首先進行的是，將全棟管線及冷熱水管換新等基礎工程，接著拆除不符合目前居住模式的隔間牆，預算主要分配在 2 樓客餐廳與吧台區域，期待將全家人聚集在此，凝聚家庭向心力。關於預算控制，她將各項工程拆得非常細，連水泥、泥砂、磁磚都是以坪數計算，再向廠商叫貨，而且在施工上儘量進行工序簡單的作業，施工前也思考清楚應用的方式，減少二工造成額外的支出。此外，許多家電、傢具都是在網站上購買，精簡控制預算，把錢花在刀口上。總共耗時 6 個月，殘舊不堪的老屋終於脫胎換骨，還給一家四口凝聚情感的生活空間。

攝影_王士豪

省錢裝潢 TIPS

自己購買柚木原料做餐桌

找到柚木原木 1 才 NT.600 元的廠商，訂製出結合人造石、柚木、鐵件的 2 樓中島餐廚，讓 Kart 的媽媽可以在這裡一邊做點心，一邊與家人聊天。柚木長桌底下藏有多個插座，不僅能辦公，還能煮火鍋，一舉數得。

攝影_王士豪

省錢裝潢 TIPS +

用超耐磨地板節省預算

打通 2 樓原有和室和客廳中間的隔間牆，讓視覺更加通透，鋪上超耐磨木地板不僅耐磨、易清潔，還能節省預算。

攝影_王士豪

省錢裝潢 TIPS +

舊有樓梯雕花欄杆重新上漆，
省預算又有巧思

舊有樓梯雕花欄杆重新上漆，踏面鋪上超耐磨地板，塑膠扶手換成柚木扶手，質感倍增。為了讓上下樓梯行進間更安全，運用 IKEA 角料結合 LED 燈帶，省預算又兼具設計巧思。

攝影＿王士豪

紅磚牆配新上漆的衣櫃，節省預算又搶眼

隔壁的浴室拆除原空間磚瓦，向
Kart 房間借空間，重新砌牆，為分
離式衛浴做準備，一面為浴室防水
牆，一面為 Kart 房間的工業風紅磚
牆，視覺上相當吸引人。此外，將
舊有的衣櫃、木作重新上漆，添增
空間質感。

攝影＿李伩欽

攝影_王士豪　　　　　　　　　　　　　　　攝影_王士豪

![S] **聰明改造 TIPS⁺**

**浴廁門轉向，告別充滿異味
的廚房**

原有的廚房不論是地板或牆面都殘留經年累月的油垢、不
好清潔，且直通浴廁入口，導致媽媽煮菜時必須忍受異
味。因此改變浴廁門的方向，將廚房與浴廁分離，並重鋪
地板磁磚、更換設備，讓兩個區域煥然一新。

![S] **省錢裝潢 TIPS⁺**

估工算料自己來，不多花冤枉錢

選擇自己發包的人，一定要懂得估工算
料，利用長 X 寬 X0.3025 算出坪數，
再根據坪數大小計算出所需原料，泥
砂、磁磚都可以計算出用料，再和廠商
叫貨，將省下來的預算用在其他更重要
的地方。

攝影_王士豪

裝修費用支出總整理

Data 格局：1 樓：1 營業場所 1 衛 1 廚房 1 雜物間／2 樓：1 房 1 廳 1 衛 1 開放吧台 1 陽台／3 樓：2 房 1 衛 1 陽台／**房齡**：40 年／**坪數**：3 層樓約 70 坪（不含營業場所）

Before

工程總花費

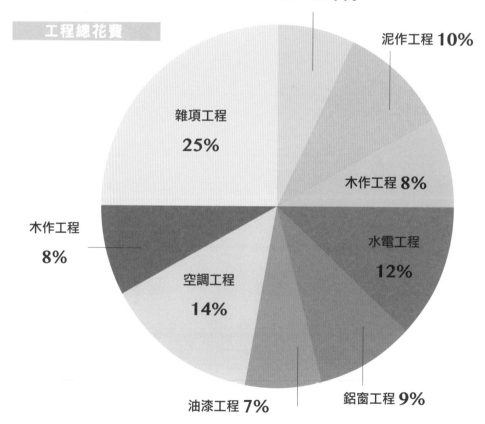

拆除工程 7%

泥作工程 10%

木作工程 8%

水電工程 12%

鋁窗工程 9%

油漆工程 7%

空調工程 14%

木作工程 8%

雜項工程 25%

COST

拆除工程	NT.157,500 元
泥作工程	NT.204,000 元
木作工程	NT.167,040 元
水電工程	NT.260,000 元
鋁窗工程	NT.185,000 元
油漆工程	NT.138,000 元
空調工程	NT.298,700 元
金屬加工工程	NT.174,000 元
雜項工程	NT.540,643 元

（雜項工程包含：磁磚／窗簾／廚具／門／木地板／
壁紙／衛浴）

NT.212.4 萬元

屋主現身說法

　　男主人相當在意老屋的基礎工程是否穩固，對於水管、電線的要求標準比其他設備還要高，不僅要汰換所有的水電管線，還必須使用耐用的品牌，希望主臥房能有一台小冰箱，且能製冰。女主人則希望 1 樓的廚房能有完整的備料空間，2 樓能有足夠空間做西點、招待朋友，並且能舒適地躺在沙發上放鬆休息。兒子期待自己房間的設計風格帶有工業風，女兒則希望舒適就好，無太多額外的需求。

　　由於房齡已經 40 年，空間相當老舊，廚房和衛浴設備都不堪使用，整棟透天厝打掉重建，或是賣掉再買新房，都不如重新翻修划算，於是在沒有請設計師、統包公司及有限的預算下，決定交由屋主的姪女李依紋全權負責，不僅身兼設計師，還一手包辦了估工算料與監工等差事。她在台中小型建設公司當設計主任，長期接觸老屋翻新轉租等業務，因為工作關係認識許多施工工班與廠商，不僅在估價、比價上較一般人更具優勢，為屋主省下許多預算，同時還能確認施工師傅的品質與信譽，降低未來施工品質不佳的可能性。

諮詢設計公司

小寶優居
電話：04-2426-1732
網址：https://bhouse.com.tw/

好冶設計
電話：0920-190-410
網址：https://www.facebook.com/
NATURELIVINGDESIGN/

巧軒空間設計有限公司
電話：03-460-2178
網址：https://ciaosyuan.ete168.tw/

凱禾設計
電話：0976-397-657
網址：https://chinoiseriedesign.com/

樂活輕裝修
電話：0800-568-088
網址：https://www.decorations.com.tw/

藍調設計
電話：0958-209-408
網址：https://www.facebook.com/bluesdesign/

裝潢整修
memo

國家圖書館出版品預行編目 (CIP) 資料

地表最強！省錢裝潢中古、老屋全攻略終極版【暢銷更新】/ 漂亮家居編輯部作 . -- 二版 . -- 臺北市：城邦文化事業股份有限公司麥浩斯出版：英屬蓋曼群島商家庭傳媒股份有限公司城邦分公司發行, 2023.03
面；　公分 . -- (Solution book ; 146)
ISBN 978-986-408-898-0(平裝)

1.CST: 房屋 2.CST: 建築物維修 3.CST: 家庭佈置 4.CST: 室內設計

422.9   112001181

Solution Book 146

地表最強！省錢裝潢中古、老屋全攻略終極版【暢銷更新】

作者	漂亮家居編輯部
責任編輯	許嘉芬
文字採訪	李芮安、陳淑萍、陳顗如、黃縭婷、黃珮瑜、蔡婷如
封面設計	莊佳芳
美術設計	王彥蘋、Joseph
編輯助理	劉婕柔
活動企劃	洪擘

發行人	何飛鵬
總經理	李淑霞
社長	林孟葦
總編輯	張麗寶
內容總監	楊宜倩
叢書主編	許嘉芬

出 版	城邦文化事業股份有限公司麥浩斯出版
地 址	104 台北市中山區民生東路二段 141 號 8 樓
電 話	02-2500-7578
傳 真	02-2500-1916
E m a i l	cs@myhomelife.com.tw
發 行	英屬蓋曼群島商家庭傳媒股份有限公司城邦分公司
地 址	104 台北市中山區民生東路二段 141 號 2 樓
讀者服務專線	02-2500-7397；0800-033-866
讀者服務傳真	02-2578-9337
訂購專線	0800-020-299（週一至週五上午 09:30 ～ 12:00；下午 13:30 ～ 17:00）
劃撥帳號	1983-3516
劃撥戶名	英屬蓋曼群島商家庭傳媒股份有限公司城邦分公司

香港發行	城邦（香港）出版集團有限公司
地 址	香港灣仔駱克道 193 號東超商業中心 1 樓
電 話	852-2508-6231
傳 真	852-2578-9337
E m a i l	hkcite@biznetvigator.com

新馬發行	城邦（新馬）出版集團 Cite（M）Sdn. Bhd. （458372 U）
地 址	41, Jalan Radin Anum, Bandar Baru Sri Petaling, 57000 Kuala Lumpur, Malaysia.
電 話	603-9056-8822
傳 真	603-9056-6622

總經銷	聯合發行股份有限公司
電 話	02-2917-8022
傳 真	02-2915-6275

製版印刷	凱林彩印事業股份有限公司
版 次	2023 年 3 月二版一刷
定 價	新台幣 420 元